AF813905

7

Band 21 · Juli 1985

isotopenpraxis

AKADEMIE-VERLAG

ISSN 0021-1915 Isotopenpraxis, Berlin 21 (1985) 7, 229—260

EVP 9,— M

ISOTOPENPRAXIS

begründet von J. Mühlenpfordt und C. F. Weiss

unter Mitwirkung von M. F. Abdel-Wahab, Khartum · O. Charamza, Olomouc · Z. Dienstbier, Praha · L. Herforth, Dresden · V. K. Iya, Bombay · W. Kodjukow, Moskau · M. Melnikowa, Leningrad · V. Mercea, Cluj · R. Münze, Rossendorf · S. Mušdeka, Beograd · M. Radwan, Swierk · A. I. Schatenstein, Moskau · H. R. Schütte, Halle · P. Têtényi, Budapest · K. Unger, Quedlinburg · S. Varga, Bratislava · G. Vormum, Berlin

REDAKTIONSAUSSCHUSS: H.-J. Altenbrunn, Berlin · E. Becker, Magdeburg · W. Dietzsch, Dresden · D. Herrmann. Berlin · J. Holzhey, Freiberg · H. Hübner, Leipzig (Chefredakteur) · K. Irmer, Dresden · P. Krumbiegel, Leipzig · P. Mühl, Dresden · S. Niese, Rossendorf · R. Otto, Leipzig · U. Prösch, Berlin · G. Reinhard, Dresden · H. Scheel, Berlin · K. Wagner, Berlin

REDAKTIONSSEKRETÄR: Frau H. Neumann, Berlin

An unsere Autoren

Die Zeitschrift veröffentlicht Beiträge zu folgenden Themen: Kontrolle und Analyse radioaktiver und stabiler Isotope, Anwendung radioaktiver und stabiler Isotope in allen Gebieten der Forschung und Technik, der Industrie, Landwirtschaft und Medizin, Herstellung radioaktiver und stabiler Isotopen sowie von markierten Verbindungen, kernelektronische Geräte für die Isotopenanwendung (Dickenmesser, Dichtemesser u. ä.) Detektoren für isotopentechnische Arbeiten und den Strahlenschutz in Isotopenlaboratorien, Meßtechnik und Strahlenschutz, Dosimetrie in Isotopenlaboratorien, kerntechnische Geräte für die Isotopenanwendung (Beton, Bestrahlungsanlagen u. ä.), Strahlenchemie, Radiochemie, ökonomische und perspektivische Fragen, Fragen der Weiterbildung.

1. Aufnahme von Manuskripten

Zur Veröffentlichung angenommen werden nur druckreife, noch nicht anderweitig publizierte Beiträge in deutscher, englischer oder russischer Sprache zum Themenbereich der Zeitschrift und zwar

- Originalarbeiten
- Kurze Mitteilungen
- Aus der Praxis
- Zusammenfassende Berichte
- Tagungsberichte
- Informationen.

Sind der Beitrag oder Teile daraus bereits veröffentlicht oder ist eine anderweitige Veröffentlichung vorgesehen, so muß dies der Redaktion mit genauer Angabe der Zweitveröffentlichung mitgeteilt werden. Mit der Annahme des Manuskriptes behält sich der Verlag das Recht der Vervielfältigung, Verbreitung und Übersetzung innerhalb der gesetzlichen Schutzfrist vor. Auszugsweiser Nachdruck oder photomechanische u. a. Wiedergabe sind an eine schriftliche Genehmigung des Verlages gebunden. Manuskripte, Zeichnungen und Photos von veröffentlichten Arbeiten werden nur auf den besonderen und bis zum Zeitpunkt der Veröffentlichung mitgeteilten Wunsch des Autors zurückgesandt.

Bei der unverlangten Einreichung von Manuskripten wird empfohlen, eine Befürwortung eines der Herausgeber oder Redaktionsausschußmitglieder beizufügen.

Manuskripte sind einzureichen bei der Redaktion, 1086 Berlin Leipziger Str. 3–4.

2. Form der Manuskripte

Die Autoren werden gebeten:

2 Manuskripte, eines davon in Original-Maschinenschrift, einseitig und mit 2zeiligem Abstand einzureichen; gut leserliche Photokopien sind zulässig; auf dem 1. Blatt (unter Weglassung der Bezeichnung)

- den Titel der Arbeit
- Vorname-Initialen und Namen sämtlicher Autoren
- gegebenenfalls die Institution, in der sie tätig sind
- eine kurze Zusammenfassung der Arbeit von höchstens 15 Zeilen
- Keywords in alphabetischer Reihenfolge und
- als Fußnote die Anschrift der Institution anzugeben;

wenn möglich, Zusammenfassung, Titel und Autoren *englisch* (bei deutschem oder russischem Manuskript) bzw. *deutsch* (bei englischem Manuskript) 2fach beizufügen;

Literaturhinweise (fortlaufend numeriert), Fußnoten, Tabellen, Abbildungen (in 2–3facher Veröffentlichungsgröße), Abbildungsunterschriften (getrennt von den Abbildungen mit Zeichenerklärungen, Quellenangaben, falls erforderlich, und gegebenenfalls mit einem Vermerk für besondere Wünsche bezüglich der Abbildungsgröße), private und Dienstanschrift der Verfasser mit akademischen Titeln und ausgeschriebenen Vornamen auf besonderen Blättern ans Ende des Manuskriptes zu stellen;

Wünsche für den Kolumnentitel (Seitenüberschrift) bekanntzugeben;

Absätze durch Einzüge von mindestens 3 Anschlägen kenntlich zu machen; die Maßeinheiten des SI-Systems („Systeme International") zu verwenden; Korrekturen im Manuskript unmittelbar an der zu korrigierenden Stelle anzubringen;

Formeln deutlich lesbar und möglichst groß einzutragen;

Farbabbildungen und nachträgliche Änderungen oder Ergänzungen in Abbildungen zu vermeiden;

hervorzuhebende Textstellen zu unterstreichen, und zwar halbfetten Satz mit einer geraden schwarzen Linie, kursiven Satz (Schrägschrift) mit einer blauen Wellenlinie (alle Eigennamen). Sperrungen gestrichelt;

besondere Buchstaben durch farbige Unterstreichung zu kennzeichnen, und zwar Formelzeichen in

- Griechisch-Kursiv (α, β, ...) rot,
- Kursiv (A, B, ...) blau
- halbfetter Kursiv ($\boldsymbol{A}$, $\boldsymbol{B}$, ...) 2 Linien blau (Vektoren),
- halbfetter Grotesk (**A**, **B**, ...) 2 Linien violett (Tensoren);

bei Literaturangaben auf Vollständigkeit zu achten. In nachstehender Reihenfolge müssen angegeben sein:

a) bei *Zeitschriften*: Vorname-Initialen und Namen sämtlicher Autoren, Titel der Zeitschrift (nach „Periodica Chimica" oder möglichst wenig gekürzt), Bandnummer (unterstrichen), Jahreszahl (in Klammern), Heftnummer (nur bei Zeitschriften, die jedes Heft mit S. 1 beginnen) sowie die Seitenzahl, auf der die zitierte Arbeit beginnt.

b) bei *Büchern*: Initialen der Vornamen und Name des Autors (Herausgeber werden durch den Zusatz „ed." gekennzeichnet), voll ausgeschriebener Titel des Buches in der Originalsprache, evtl. Bandnummer, voll ausgeschriebener Name des Verlages, Nummer der Auflage (außer der ersten), Erscheinungsort(e), Erscheinungsjahr (hier nicht in Klammern setzen!) und evtl. Kapitelnummer, Seitenzahl u. ä.

c) bei *Sammelbänden, Tagungsberichten*: Es soll zusätzlich der Titel des zitierten Beitrags angegeben werden. Die Seitenzahl muß unbedingt angegeben werden. Aus dem Zitat muß hervorgehen, ob es sich um einen Tagungssammelband oder um einen noch nicht veröffentlichten Vortrag handelt. Zwischen Tagungsort und Erscheinungsort des entsprechenden Tagungsberichts ist zu unterscheiden.

3. Korrekturen

Der Autor erhält zwei Umbruchabzüge, von denen einer möglichst schnell korrigiert an die Redaktion zurückgereicht werden soll. Auf Wunsch des Autors kann die Korrektur auch von der Redaktion gelesen werden.

Durch nachträgliche Manuskriptänderungen verursachte Korrekturkosten gehen, sofern sie 10% der Satzkosten übersteigen, zu Lasten des Autors.

Der Autor erhält 50 Sonderdrucke kostenlos. Weitere Sonderdrucke können bis zur Rückgabe der Korrekturabzüge auf Kosten des Autors bei der Redaktion bestellt werden.

Bezugsmöglichkeiten

Bestellungen sind zu richten

- **in der DDR** an den Postzeitungsvertrieb unter Angabe der Kundennummer des Bestellenden oder an den AKADEMIE-VERLAG BERLIN, DDR-1086 Berlin, Leipziger Straße 3–4, PF-Nr. 1233;
- **im sozialistischen Ausland** an eine Buchhandlung für fremdsprachige Literatur oder an den zuständigen Postzeitungsvertrieb;
- **in der BRD und Berlin(West)** an eine Buchhandlung oder an die Auslieferungsstelle KUNST UND WISSEN, Erich Bieber OHG, Wilhelmstraße 4–6, D-7000 Stuttgart 1;
- **in den übrigen westeuropäischen Ländern** an eine Buchhandlung oder an die Auslieferungsstelle KUNST UND WISSEN, Erich Bieber GmbH, Dufourstraße 51, CH-8008 Zürich;
- **im übrigen Ausland** an den Internationalen Buch- und Zeitschriftenhandel; den Buchexport Volkseigener Außenhandelsbetrieb der Deutschen Demokratischen Republik, DDR-7010 Leipzig, Postfach 160; oder an den AKADEMIE-VERLAG BERLIN, DDR-1086 Berlin, Leipziger Straße 3–4.

Zeitschrift „Isotopenpraxis"

Herausgeber: Zentralinstitut für Isotopen- und Strahlenforschung der Akademie der Wissenschaften der DDR.
Verlag: Akademie-Verlag Berlin, DDR-1086 Berlin, Leipziger Straße 3–4, PF-Nr. 1233; Fernruf: 2236221 oder 2236229; Telex-Nr.: 114420;
Bank: Staatsbank der DDR, Berlin, Kto.-Nr.: 6836-26-20712.
Chefredakteur: Prof. Dr. H. Hübner, Leipzig.
Anschrift der Redaktion der Zeitschrift Isotopenpraxis: Prof. Hübner, DDR-7010 Leipzig, Karl-Marx-Platz, Hauptpostamt, PSF 370; Fernruf: 281018.
Veröffentlicht unter der Lizenznummer 1527 des Presseamtes beim Vorsitzenden des Ministerrates der Deutschen Demokratischen Republik.
Gesamtherstellung: VEB Druckerei „Thomas Müntzer", DDR-5820 Bad Langensalza.
Erscheinungsweise: Die Zeitschrift „Isotopenpraxis" erscheint monatlich. Die 12 Hefte eines Jahrganges bilden einen Band. Bezugspreis je Band 240,— DM zuzüglich Versandspesen; Preis je Heft 20,— DM. Der gültige Jahresbezugspreis für die DDR ist der Postzeitungsliste zu entnehmen.
Bestellnummer dieses Heftes: 1079/21/7.
© 1985 by Akademie-Verlag Berlin. Printed in the German Democratic Republic.
AN (EDV) 12831
00900

Isotopenpraxis 21 (1985) 7, S. 229 bis 236

Über den Ablauf von Redox-Reaktionen zwischen Metallkomplexen in Lösung
Vom Reagenzglasversuch zum Nobelpreis für Chemie 1983

E. Hoyer

(Karl-Marx-Universität Leipzig, Sektion Chemie)[1])

Nach einer Einleitung zur Grundproblematik von Elektronenübertragungsreaktionen („Redoxreaktionen") und ihrer Verknüpfung mit Substitutionsreaktionen sowie der Darlegung der Ausgangssituation, wie sie sich Henry Taube Anfang der 50er Jahre bot, werden vorgestellt und erörtert die sog. labilen und inerten Komplexe hinsichtlich der Kinetik des Ligandenaustauschs, der Außensphären- und Innensphärenmechanismus für den Elektronentransfer und die durch das Franck-Condon-Prinzip dafür auferlegten Restriktionen (anhand von Potentialenergie-Diagrammen), das Marcus-Modell für den Außensphärenmechanismus, die historisch bedeutsamen Untersuchungen zum Taubeschen verbrückten aktivierten Komplex und ihre mechanistischen Konsequenzen (Vorläufer-, aktivierter-, Folge-Komplex) sowie gemischtvalente verbrückte Komplexe und die dazugehörigen Modellvorstellungen von Hush für die Intervalenz-Banden im Elektronenspektrum dieser Komplexe.

After both an introduction into the basic problems of electron transfer reactions („redox reactions") and their interconnection with substitution reactions, and a description of the situation met by Henry Taube in the early fifties, are presented and discussed: the so-called labile and inert complexes considering the kinetics of ligand exchange; the outer- and inner-sphere mechanisms and their impact on electron transfer as well as the restrictions caused by the Franck-Condon principle (through potential-energy diagrams); the Marcus model for the outer-sphere mechanism; the important historical studies on the activated bridged Taube complex and their mechanistic consequences (precursor, activated, successor complex); and bridged mixed-valence complexes with corresponding model conceptions elaborated by Hush for the intervalence transfer bands in the electron spectrum of these complexes.

Keywords

chemical reactions; complexes; electron exchange; electron transfer; Franck-Condon-principle; reaction kinetics; redox potential; transition element complexes

Einleitung

Die Schwierigkeit bei der Untersuchung molekularer Redoxvorgänge besteht darin, daß man zur Charakterisierung des Oxidationszustandes eines mehratomigen molekularen Teilchens auf das Konzept der Oxidationszahl angewiesen ist. Die Oxidationszahl ist gewiß sehr nützlich; sie ist aber letzten Endes keine physikalische Observable. Die Probleme sind insbesondere bei Redoxvorgängen zwischen molekularen Teilchen mit kovalenten Bindungen offensichtlich. Z. B. wird Sulfit, ein Reduktionsmittel, durch Hypochlorit oxidert:

$$O_3S^{2-} + OCl^- \rightarrow O_3SO^{2-} + Cl^-$$

Handelt es sich bei dieser Reaktion um einen 2-Elektronenübertragungsakt aus dem Schwefelatom auf das Chlor mit simultanem Übergang eines verbrückenden Sauerstoffatoms in der Gegenrichtung, oder ist sie ein nukleophiler Angriff von Sulfit auf den Hypochloritsauerstoff, der in der freisetzenden Verdrängung von Chlorid resultiert? Natürlich ist sie beides. Hinzu kommt, daß ein Elektronenpaar seine Funktion von „nichtbindend" zu „bindend" ändert und umgekehrt. Das Beispiel macht deutlich, wie eng der Oxidations-Reduktionsvorgang mit dem Säure-Base-Phänomen der Substitution verkoppelt ist. Diese dem Vorgang innewohnende eigenartige Doppelnatur ist bedeutsam für die Erkenntnissituation und den Ansatz *Henry Taubes*, der ihn während eines nunmehr über 30 Jahre andauernden und für Modellvorstellungen und theoretische Behandlungen so überaus befruchtenden Weges von den Anfängen in den 50er Jahren bis zur Würdigung seines fundamentalen Erkenntnisgewinnes mit dem Nobelpreis für Chemie 1983 führte.

Professor *Henry Taube*

[1]) Anschrift: DDR-7010 Leipzig, Liebigstraße 18

Henry Taube, geborener Kanadier (* 1915, Neudorf, Saskatchewan) und gelernter Anorganiker und Koordinationschemiker (Dissertation 1940 Univ. of California, Berkeley; 1946 – 1961 Univ. of Chicago; seit 1962 Stanford, Cal.), passionierter Hobby-Gärtner („you should see his yard. He can grow almost anything") und US-Bürger seit 1941, kompilierte 1952 für die „Chemical Reviews" die bis dahin vorliegenden Informationen über Substitutionsreaktionen an Metallkomplexen (d. h. den Ersatz eines Liganden durch einen anderen ≙ Ligandenaustausch) und stellte Beziehungen her zwischen der Geschwindigkeit ihres Verlaufs und der Elektronenkonfiguration der beteiligten Zentralmetallionen [1].

Für die historische Beurteilung der Situation ist es wichtig, daß zu dieser Zeit, nämlich etwa bei Ausbruch des 2. Weltkrieges, die Systematisierung und die Mechanismusmodelle der Substitutionsreaktionen am Kohlenstoff, wie sie mit dem Namen *C. K. Ingold* markiert sind, im Prinzip fertiggestellt vorlagen. Kinetische Studien von Substitutionsreaktionen an Koordinationsverbindungen von Übergangsmetallen hatten zwar den Nachteil größerer Mannigfaltigkeit des Untersuchungsmaterials, zugleich aber den Vorteil größerer Korrelationsbreite, der durch das Überstreichen eines elektronischen make-up in den Elektronenkonfigurationen von $d^1 - d^9$, eine größere Vielfalt in der Stereochemie und in der Art der Substituenten im Vergleich zur Situation am Kohlenstoff gegeben ist. Die erwähnte Arbeit brachte als wichtigstes phänomenologisches Ergebnis die Einteilung aller Komplexverbindungen[2]) in 2 Klassen: substitutionslabile und substitutionsinerte Komplexe. Tab. 1 gibt beispielhaft darüber Aufschluß, mit welch unterschiedlicher Geschwindigkeit die Natur den Wasseraustausch in Aquokationen vollzieht.

labile Komplexe: Ein Komplex ist substitutionslabil, wenn er Ligandensubstitutionsreaktionen eingeht mit Halbwertszeiten <1 min.

inerte Komplexe: Ein Komplex ist substitutionsinert (gelegentlich findet man auch den Begriff „robust"), wenn er langsame oder keine Ligandensubstitutionsreaktionen eingeht (Halbwertszeit >1 min).

Es sei betont, daß sich die beiden Begriffe auf die Geschwindigkeit der Reaktionen beziehen und nicht auf die thermodynamische Gleichgewichtslage der Substitution. Insbesondere dürfen sie deshalb nicht verwechselt werden mit den Begriffen „instabil" und „stabil". Die klassischen „inerten" Komplexe sind die Chromium(III)- (Elektronenkonfiguration d^3) und die Cobalt(III)-Komplexe (Elektronenkonfiguration d^6). Das Ion $[Co(NH_3)_6]^{3+}$ ist in saurer wässriger Lösung thermodynamisch sehr instabil in bezug auf:

$$[Co(NH_3)_6]^{3+} + 6\,H_3O^+ \rightarrow [Co(H_2O)_6]^{3+} + 6\,NH_4^+$$

($K \simeq 10^{25}$). Wegen der kinetischen Inertheit halten sich aber saure wäßrige Lösungen von $[Co(NH_3)_6]^{3+}$-Salzen tagelang unverändert.

Kehren wir zurück zu den Redoxreaktionen, zur Elektronenübertragung zwischen 2 Teilchen in Lösung, zwischen Reduktanten und Oxidanten. Es versteht sich von selbst, daß „Einelektronenübertragungen" einfacher zu behandeln sind als „Mehrelektronenübertragungen". Unter den vielen Übergangsmetallverbindungen bietet sich auch eine Kollektion Einelektronenoxidationsmittel und Einelektronenreduktionsmittel an, von denen man aufgrund der Normalpotentiale erwarten kann, daß zwischen ihnen eine Redoxreaktion abläuft, nach welchem Mechanismus auch immer. *Taubes* Strategie fußte auf der Kenntnis der Geschwindigkeit von Substitutionsreaktionen an Komplexen unterschiedlicher Metallionen in variablen Oxidationsstufen. Wichtig für den Entwurf des *Taube*schen Schlüsselexperiments ist ferner, daß wenigstens einige der auszuwählenden Reaktanten oder zu erwartenden Produkte kinetisch reaktionskontrolliert sein müssen[3]).

Elektronenübertragung zwischen Übergangsmetallkomplexen und das Franck-Condon-Prinzip, Selbstaustauschreaktionen und Reaktionen mit Nettoumsatz

Bevor wir dazu kommen, beschränken wir uns auf die Betrachtung noch einfacherer Systeme, bei denen „netto" chemisch überhaupt nichts passiert, die mithin den Vorteil haben, daß die Änderung der freien Energie $\Delta G = 0$ beträgt, die sogenannten Selbstaustausch-Elektronenübertragungsreaktionen, z. B.:

$$[Fe(H_2O)_6]^{2+} + [Fe(H_2O)_6]^{3+} \rightleftharpoons [Fe(H_2O)_6]^{3+} + [Fe(H_2O)_6]^{2+}$$

Die Untersuchung dieser virtuellen Reaktionen ist überhaupt erst möglich geworden durch die nach dem 2. Weltkrieg erschlossene Technik der radioaktiven Markierung und generell der Anwendung von Isotopen. *Henry Taube* selbst wandte als erster die ^{18}O-Sauerstoffmarkierung und die ^{17}O-NMR-Spektroskopie zur Ermittlung der Zusammensetzung von Aquokationen an. Die Messung der Reaktionsgeschwindigkeit am obigen substitutionslabilen Fe^{2+}/Fe^{3+}-Redoxpaar erfolgte 1950 durch *R. W. Dodson* [2]. Um die gleiche Zeit standen auch die ersten kinetischen Daten einer Elektronenübertragungsreaktion mit Umsetzung („cross-reaction", *Marcus* [3]) zur Verfügung, nämlich der zwischen $[Co(en)_3]^{2+}$ und $[Co(NH_3)_6]^{3+}$. Man erkannte alsbald die Bedeutung des *Franck-Condon*-Prinzips für molekulare Elektronenübertragungsprozesse, und es setzte die heute noch andauernde und durch die Pionier-

[2]) Gemeint sind klassische, oft auch als *Werner*-Komplexe bezeichnete Komplexverbindungen, bei denen die Bindung zwischen M und den Ligatoratomen durch klassische Bindungsvorstellungen, Ion-Ion; Ion-Dipol; bzw. Sigma-Bindungen, beschrieben werden kann.

[3]) „Kinetisch kontrolliert" heißt eine Reaktion bzw. die daraus stammenden Reaktionsprodukte (im Gegensatz zu „thermodynamisch kontrolliert") dann, wenn die Art der entstehenden Produkte nicht durch ihre thermodynamische Gleichgewichtskonzentration, sondern durch ihre relative Bildungs- bzw. Zerfallsgeschwindigkeit bestimmt wird.

Tab. 1. Geschwindigkeitskonstanten (s^{-1}; 25 °C) für die Wassersubstitution in Hexaquoübergangsmetallkationen

d^2	d^3	d^4	d^5	d^6	d^7	d^8	d^9
V^{3+}	Cr^{3+}	Cr^{2+}	Mn^{2+}	Fe^{2+}	Co^{2+}	Ni^{2+}	Cu^{2+}
$3 \cdot 10^3$	$5 \cdot 10^{-7}$	$8{,}3 \cdot 10^9$	$3{,}1 \cdot 10^6$	$3 \cdot 10^6$	$2{,}5 \cdot 10^6$	$3{,}6 \cdot 10^4$	$7{,}4 \cdot 10^9$
				Rh^{3+} (lowspin)			
				$4 \cdot 10^{-8}$			

arbeit von z. B. *R. A. Marcus* und *N. S. Hush* gekennzeichnete Ausarbeitung der zugehörigen Theorie ein (s. u.).

Das Franck-Condon-Prinzip und seine Konsequenzen für Elektronenübertragungsprozesse

Ein wesentlicher Aspekt für das Elektronenübertragungsproblem ist die Änderung der Gleichgewichts-Kernkonfiguration, die ein Ion oder Molekül durch die Aufnahme oder Abgabe eines Elektrons erfährt. Bei Metallkomplexen in polaren Lösungsmitteln sind in die Konfigurationsänderungen Veränderungen der M-L- und der Intraligand-Bindungslängen und -Winkel einbezogen, ebenso wie Änderungen im Schwingungs- und Orientierungszustand der umgebenden Solvens-Dipole. Die *Franck-Condon*-Beschränkungen für molekulare Elektronenübertragungsprozesse resultieren im Prinzip daraus, daß Elektronenbewegungen 100mal schneller verlaufen (Zeitskala 10^{-15} s) als Kernbewegungen (Zeitskala 10^{-13} s). Für Elektronen, die sich vom Orbital eines Kerns zum Orbital eines anderen bewegen, erscheinen die Kernpositionen „eingefroren". Mit anderen Worten, die Elektronenübertragung erfolgt bei im wesentlichen konstanter Kernkonfiguration und konstantem Impuls. In klassischen Theorien verwendet man den Formalismus des aktivierten Komplexes, bei dem die Elektronenübertragung an der Schnittstelle der beiden Potentialenergieflächen von Reaktanten und Produkten erfolgt. In quantenchemischen Theorien werden auch Tunneleffekte zwischen Ausgangs- und Endzustand berücksichtigt, und die Elektronenübertragung wird als strahlungsloser Übergang zwischen Reaktanten- und Produktzuständen behandelt. Das Geeignetsein einer bestimmten Kernkonfiguration für die Elektronenübertragung steht in Beziehung zur Überlappung der Schwingungswellenfunktionen der Reaktanten und Produkte.

Ein Gedankenexperiment im klassischen Modell möge veranschaulichen, zu welchen Widersprüchen die Nichtbeachtung des *Franck-Condon*-Prinzips für den Elektronenübertragungsprozeß führt: Die Fe–O-Bindungslänge in $Fe(OH_2)_6^{2+}$ in dessen Potentialenergieminimum (Grundzustand) ist mit 221 pm länger als die in $Fe(OH_2)_6^{3+}$ (205 pm), Abb. 1. Wenn das Elektron von $Fe(OH_2)_6^{2+}$ auf $Fe(OH_2)_6^{3+}$ zwischen den zugehörigen Grundzuständen übertragen würde, resultierten als Produkte ein gestrecktes $Fe(OH_2)_6^{3+}$-Ion („Fe(III)*"; herrührend aus Fe(II)) und ein komprimiertes $Fe(OH_2)_6^{2+}$-Ion („Fe(II)*"; herrührend aus Fe(III)), die beide schwingungsangeregt wären und ihre Energien an die Umgebung abgäben. Eine Lösung von Fe(II) und Fe(III) würde sich also spontan aufheizen. So etwas verbieten aber der gesunde Menschenverstand

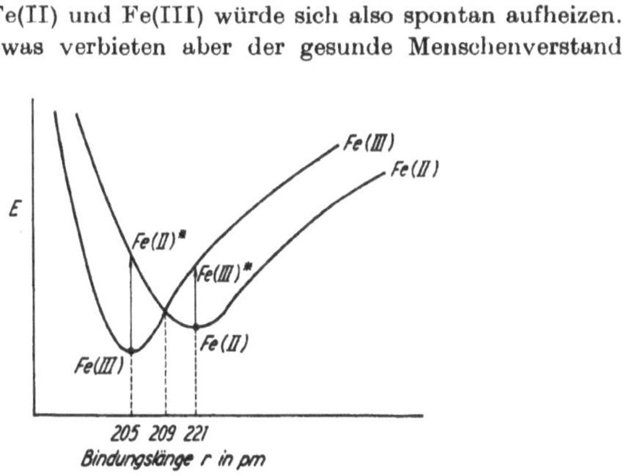

Abb. 1. Potentialenergiediagramm der Hexaquoeisen(III)-(„Fe(III)")- und Hexaquoeisen(II)-(„Fe(II)")-Ionen

und die Thermodynamik. Die Übertragung in dieser Weise ist deshalb „thermisch verboten". Vielmehr egalisieren beide Reaktanten vorher ihre Potentialenergien durch Bindungskompression, -streckung und -beugung, ehe die Elektronenübertragung erfolgen kann. Ein beträchtlicher Teil der Aktivierungsenergie der Elektronenübertragung muß für diesen „*Franck-Condon*-Beitrag" aufgewandt werden ($\Delta G_i^{\ddagger}$). (In diesem Modell nennt man die Kollisionskombination von $Fe(OH_2)_6^{3+}$ und $Fe(OH_2)_6^{2+}$ mit Akzeptor- und Donororbitalen gleicher Energie den aktivierten Komplex). Die gesamte Aktivierungsenergie umfaßt außerdem noch den Beitrag für die Reorganisation der umgebenden Lösungsmittelmoleküle ($\Delta G_o^{\ddagger}$) sowie für das richtige Zusammentreffen und die richtige Positionierung der Reaktanten im aktivierten Komplex ($\Delta G_t^{\ddagger}$), so daß gilt

$$\Delta G^{\ddagger} = \Delta G_i^{\ddagger} + \Delta G_o^{\ddagger} + \Delta G_t^{\ddagger}$$

Die ersten Elektronenübertragungs-Theorien waren nichtadiabatisch (eigentlich „diabatisch"): Die Geschwindigkeitskonstante hängt ausdrücklich ab von der elektronischen Wechselwirkung der Reaktanten; Kernkonfigurationsänderungen werden nicht spezifisch berechnet [4, 5]. Einige Jahre später brachte *R. A. Marcus* die erste einer Reihe von Veröffentlichungen über eine klassische (aktivierter Komplex) Elektronenübertragungs-Theorie mit adiabatischem Typ [6]. Adiabatisch bedeutet, daß die elektronische Wechselwirkung als so groß angenommen wird, um nicht mehr im Ausdruck für die Geschwindigkeitskonstante auftreten zu müssen, weil eben durch die Elektronendelokalisation die Elektronenübertragung im aktivierten Komplex gewährleistet ist. Intramolekulare Konfigurationsänderungen werden vernachlässigt, und die Änderungen in der Lösungsmittelkonfiguration werden klassisch behandelt. Dieses Modell trägt dem wichtigen Umstand nicht Rechnung, daß trotz Ähnlichkeiten für die Solvenskonfigurationsänderungen die Geschwindigkeiten der Elektronenübertragung bei zwei- und dreiwertigen komplexen Ionen viele Größenordnungen überstreichen, was wiederum die Wichtigkeit der detaillierten Elektronenkonfigurationen der Reaktanten und Produkte für die Ermittlung der Elektronenübertragungsgeschwindigkeit zeigt.

Das meist genutzte Ergebnis der *Marcus*-Theorie für praktische Belange ist die *Marcus*sche-Überkreuzbeziehung („*Marcus*-Gleichung") [7]:

$$k_{12} = (k_1 \cdot k_2 \cdot K_{12} \cdot f)^{1/2}$$

k_{12}: Geschwindigkeitskonstante } für eine gegebene Elektronenübertragungsreaktion mit Umsetzung („cross")
K_{12}: Gleichgewichtskonstante }

k_1 und k_2: Geschwindigkeitskonstanten für die „Komponenten"-Selbstaustauschreaktionen (mit $K_1 = K_2 = 1$)

f: Faktor, gegeben durch

$$\log f = \frac{(\log K_{12})^2}{4 \log (k_1 \cdot k_2 / Z^2)}$$

mit Z = Kollisionsfrequenz für hypothetische ungeladene Reaktanten-Ionen

z. B.: $[Fe(CN)_6]^{-4} + [Mo(CN)_8]^{-3}$
$\rightarrow [Fe(CN)_6]^{-3} + [Mo(CN)_8]^{4-}$

mit den zugehörigen Selbstaustauschreaktionen:

$$[Fe(CN)_6]^{4-} + [Fe^*(CN)_6]^{3-} \xrightarrow{k_1} [Fe(CN)_6]^{3-} + [Fe^*(CN)_6]^{4-}$$

$$[Mo(CN)_8]^{4-} + [Mo^*(CN)_8]^{3-} \xrightarrow{k_2} [Mo(CN)_8]^{3-} + [Mo^*(CN)_8]^{4-}$$

Potentialenergiediagramme für „außensphären"-aktivierte Komplexe bei Elektronenübertragungsreaktionen

Die Elektronenübertragung zwischen den Partnern kann nach zwei — zunächst fiktiven — mechanistischen Grenzfällen verlaufen, was den aktivierten Komplex anbetrifft, dem sog. „Außensphärenmechanismus" oder dem „Innensphärenmechanismus":

Außensphärenmechanismus: Während der Zeit der Elektronenübertragung bleiben die inneren Koordinationssphären der Reaktanten intakt, und die Wechselwirkung zwischen Oxidant und Reduktant ist klein.

Innensphärenmechanismus: Oxidant und Reduktant sind während des Elektronenübertragungsakts durch echte Bindungen mit wenigstens einem verbrückendem Liganden verknüpft, der der inneren Koordinationssphäre beider Metallzentren angehört.

Schematisch sind die Verhältnisse und Unterschiede beider Grenzfälle in Abb. 2 skizziert. Theoretisch ist das Außensphärenmodell einfacher zu behandeln, und wichtige gedankliche Operationen und Begriffe seien anhand der klassischen Arbeit von *Marcus* erörtert [3]. Das allgemeine

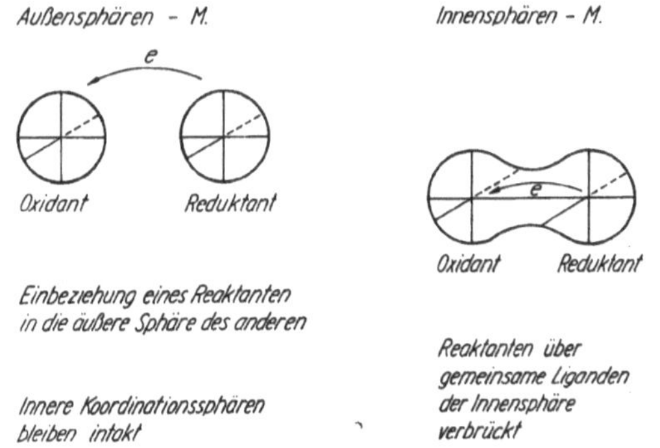

Abb. 2. Schematische Darstellung der beiden Grenzfälle für die Elektronenübertragung zwischen 2 Komplexen in Lösung

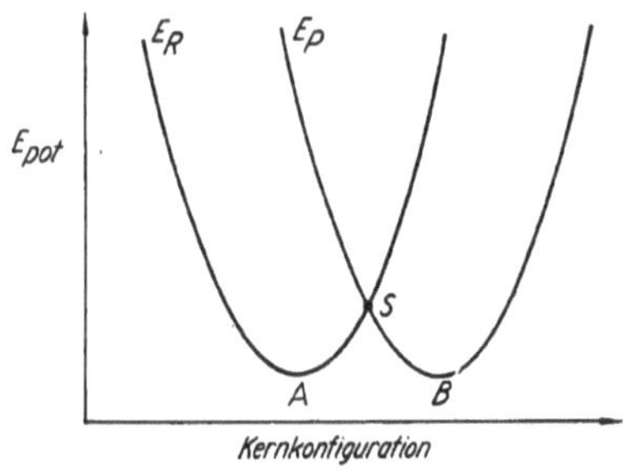

Abb. 3. Allgemeines Potentialenergiediagramm für die symmetrische homonukleare Reaktion

$$\underset{R}{red_1 + ox_2} \rightleftharpoons \underset{P}{ox_1 + red_2}$$

Potentialenergie-Diagramm für die symmetrische homonukleare Reaktion

$$\underset{R}{red_1 + ox_2} \leftrightarrow \underset{P}{ox_1 + red_2}$$

mit identischen Liganden in red_1 und ox_1 bzw. ox_2 und red_2 ist in Abb. 3 gezeigt.

Für symmetrische homonukleare Elektronenübertragungsreaktionen (also für den Selbstaustausch-Prozeß) besteht das Potentialenergie-Diagramm aus zwei sich überlappenden Potentialmulden der Energieflächen, eine für die Reaktanten (E_R) und eine für die Produkte (E_p). Jede Mulde entspricht dem elektronischen Grundzustand jedes der beiden (hier identischen) Paare. (Für heteronukleare oder unsymmetrische homonukleare Fälle müssen die Energien der Donor- und Akzeptor-Orbitale ebenfalls vor dem möglichen Elektronenübertragungsprozeß egalisiert werden durch Streckung bzw. Kompression der internuklearen Bindungen der Reaktanten. Das „gleiche Energie"-Kriterium des *Franck-Condon*-Prinzips wird hier im allgemeinen bei unterschiedlicher Bindungslänge in den Reaktanten und Produkten erfüllt.)

In der Abbildung ist an der Schnittstelle S der beiden Flächen die *Franck-Condon*-Energiebedingung erfüllt. Dennoch tritt keine Elektronenübertragung ein. Vielmehr werden sich die Reaktanten energetisch auch nach dem Passieren der Schnittstelle S auf der E_R-Fläche weiterbewegen. Für den Elektronenübertragungsfall müßten die Reaktanten an der Schnittstelle in die Produkte umgewandelt werden und würden sich dann auf der E_P-Fläche energetisch zum Minimum B bewegen. D. h., die Voraussetzung für das Eintreten der Elektronenübertragung im aktivierten Komplex ist eine gewisse Elektronendelokalisation. Abb. 3 zeigt keine elektronische Wechselwirkung und veranschaulicht deshalb den Fall der „Null-Wechselwirkung". Bei elektronischer Wechselwirkung liefert die Kombination der elektronischen und vibratorischen Wellenfunktionen nullter Ordnung an der Schnittstelle S zwei neue Zustände

$$\Psi \pm = a\Psi_R \pm b\Psi_P$$

Bei schwacher Wechselwirkung kann das Problem durch Störungsrechnung erster Ordnung behandelt werden. Die Energien E_+ und E_- der beiden neuen entstehenden Zuständen lassen sich durch Anwendung der Variationsrechnung finden. Mit $E_R = E_P$, der Bedingung an der Schnittstelle, ergibt sich

$$E_\pm = \frac{E_R \pm H_{RP}}{1 \pm S}$$

S: Überlappungsintegral
H_{RP}: Resonanzintegral

Es erfolgt eine Aufspaltung der Flächen „nullter Ordnung", indem der obere Teil von E_R nach der Schnittstelle mit E_P vor der Schnittstelle die Energiefläche erster Ordnung E_- bildet und die unteren Teile der Flächen E_R und E_P nullter Ordnung die Fläche erster Ordnung E_+. Die Energieflächen erster Ordnung schneiden sich nicht. An der Schnittstelle (Kreuzungspunkt S) der Flächen nullter Ordnung beträgt die Energiedifferenz ΔE

$$\Delta E = E_- + E_+$$

Durch Einsetzen der Werte und Vereinfachung erhält man

$$\Delta E = \frac{2E_R S - 2H_{RP}}{1 - S^2}$$

Mit der für Berechnungen vereinfachenden Annahme sehr kleiner elektronischer Wechselwirkungen und mithin verschwindendem S ($\cong 0$) ergibt sich angenähert

$$\Delta E = -2H_{RP}$$

Je nach dem Grad der interelektronischen Wechselwirkung unterscheidet man 3 allgemeine Fälle von Elektronenübertragungsreaktionen, die in Abb. 4 skizziert sind:

Sehr schwache Wechselwirkung: Es sind beträchtliche Bindungsverzerrungen notwendig, um das „gleiche Energie"-Kriterium für die beteiligten Orbitale zu erfüllen. Es existiert aber für das System in einem gewissen Grade die Möglichkeit, im aktivierten Komplex auf die obere Energiefläche E_- zu „springen", statt in der unteren Fläche (E_+) zu verbleiben. Wenn die Wahrscheinlichkeit der Eintretens der chemischen Reaktion während des Durchgangs durch die Schnittstellenregion klein ist (mit einem Transmissionskoeffizienten $0 < \varkappa < 1$), so bezeichnet man die Reaktion als nichtadiabatisch (s. o.). Beim Durchgang durch die Schnittregion werden manchmal Produkte gebildet; die meiste Zeit verbleibt das System auf der Reaktantenfläche.

schwache Wechselwirkung; $-2H_{RP}$ *klein*: Jedesmal, wenn das System die Position des aktivierten Komplexes erreicht, tritt Elektronenübertragung ein, und Produkte werden gebildet, indem das System auf der unteren Energiefläche bleibt. („Adiabatischer" Übergang, $\varkappa = 1$)

starke elektronische Wechselwirkung: Die Reaktionszentren sind nahe; die notwendigen Bindungsverzerrungen für die energetische Egalisierung von Donator- und Akzeptororbitalen sind minimal. Das Überlappungsintegral ist beträchtlich größer als Null. Deshalb kann die Energieaufspaltung an der Schnittstelle nicht mehr näherungsweise als $-2H_{PR}$ angenommen werden. Die thermische Barriere für die Elektronenübertragung erniedrigt sich, bis schließlich bei starker Wechselwirkung nur noch eine untere Potentialenergiefläche mit einem Minimum resultiert. Die Wahrscheinlichkeit für das System, aus der unteren Energiefläche erster Ordnung in die obere zu springen, wird verschwindend klein (adiabatischer Übergang, $\varkappa = 1$)

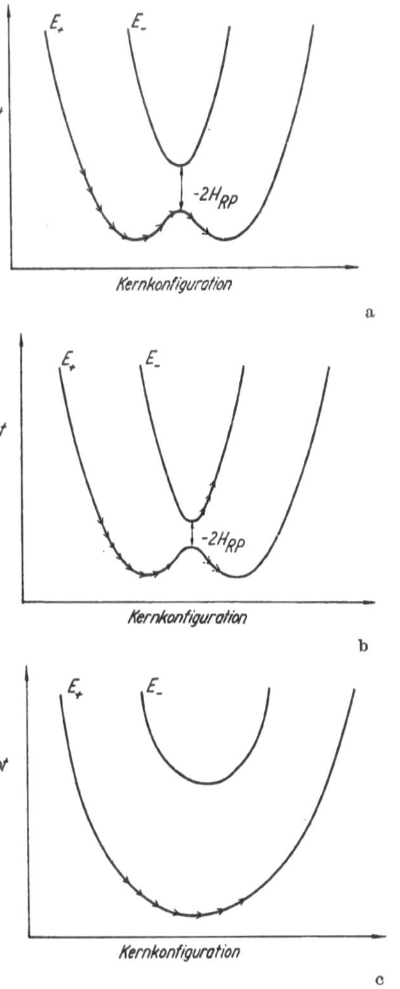

Abb. 4. Potentialenergiediagramm für Elektronenübertragungsreaktionen entsprechend dem Grad der elektronischen Wechselwirkung zwischen den Reaktanten und Produkten im aktivierten Komplex

a – sehr schwache Wechselwirkung (nichtadiabatisch); b – schwache Wechselwirkung (adiabatisch); c – starke Wechselwirkung (stark adiabatisch)

Innensphärenmechanismus – Der Taubesche verbrückte aktivierte Komplex; 2 Reagenzglasversuche, die es in sich hatten

Henry Taube wußte bereits, daß das $[Cr(H_2O)_6]^{2+}$-Ion viel substitutionslabiler ist als $[Cr(H_2O)_6]^{3+}$ und zwar, wie man heute weiß, um einen Faktor von mindestens 10^{14}. Er stellte in einem Reagenzglasversuch durch Zugabe von festem I_2 zu einer $[Cr(H_2O)_6]^{2+}$-Lösung fest, daß die blaue Lösung schnell durch Bildung von $[Cr(H_2O)_5I]^{2+}$ grün wird und sich daraus langsam $[Cr(H_2O)_6]^{3+}$ – erkennbar an der charakteristischen Farbe – bildet. Daraus schloß er mit der Imagination des Anorganikers, daß eine Cr–I-Bindung entsteht, bevor Cr(II) oxidiert wird. Die Idee vom verbrückenden Liganden, der in irgendeiner Weise den Elektronenübergang vermittelt, war geboren. Die Regeln der Kunst ließen in seinem Laboratorium nach einem geeigneten Cr(II)-oxidierenden Metallkomplex suchen, der substitutionsinert war und einen poteniell verbrückenden Liganden enthielt. Für das zweite entscheidende Reagenzglasexperiment wurde $[Co(NH_3)_5Cl]^{2+}$ als Oxidans verwendet: Die Reaktion verlief rasch[4]), und es stellte sich heraus, daß grünes $[Cr(H_2O)_5Cl]^{2+}$ entstanden war (Abb. 5). Damit war die erste Reaktion kreiert, an der der verbrückte aktivierte Komplex demonstriert werden konnte. Es ist das vielleicht berühmteste – sicher aber das verbrieft folgenreichste Experiment im Reagenzglas in der Chemie der Neuzeit, und es kennzeichnet zugleich *Henry Taube* als meisterhaften Beobachter chemischer Reaktionen, der von seinem akademischen Lehrer *W. C. Bray* (Berkeley) gelernt hatte, nicht nur sorgfältig darauf zu achten, was passierte, sondern zugleich auch darüber nachzudenken, was nicht passierte:

$$[Co(NH_3)_5Cl]^{2+} + [Cr(H_2O)_6]^{2+} \xrightarrow[H_2O/H^+]{} [Co(H_2O)_6]^{2+} + [Cr(H_2O)_5Cl]^{2+} + 5\,NH_4^+$$

Für diese als klassische *Taube*-Reaktion in die Geschichte der Chemie eingegangene Reaktion ist der folgende Übergangszustand evident und überzeugend:

$$[(NH_3)_5CoClCr(OH_2)_5^{4+}]^{+}_{+}$$

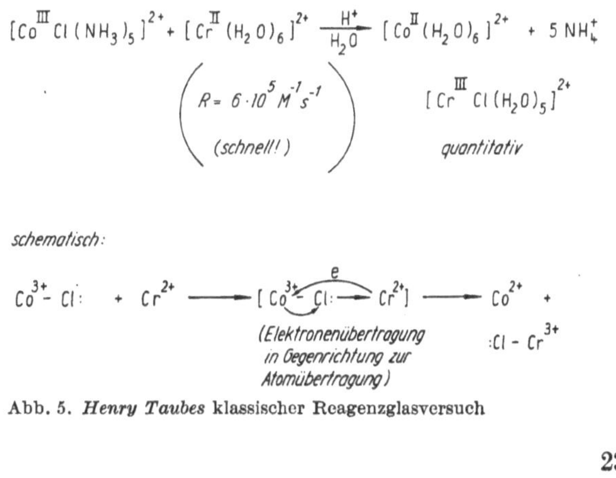

Abb. 5. *Henry Taubes* klassischer Reagenzglasversuch

[4]) Mit $k = 6 \cdot 10^5\,M^{-1}\,s^{-1}$ (25 °C) verläuft die Reaktion wesentlich rascher als die Außensphären-Reduktion von Hexammincobalt(III), $[Co(NH_3)_6]^{3+}$ mit $[Cr(H_2O)_6]^{2+}$, für die $k = 10^{-3}\,M^{-1}\,s^{-1}$ ist. Schon dies spricht für einen unterschiedlichen Mechanismus.

Erstens liefert die Reaktion des violetten $[Co(NH_3)_5Cl]^{2+}$ mit dem blauen Hexaquo-Cr^{2+}-Ion fast quantitativ grünes $[Cr(OH_2)_5Cl]^{2+}$, zweitens wird bei Zugabe von radioaktivem Cl^- fast kein Cl^- in den entstehenden Pentaquochloro-chromium(III)-Komplex eingebaut. Um mechanistische Schlüsse aus den stöchiometrischen Ergebnissen ziehen zu können, muß man sich vor Augen halten, daß $[Cr(OH)_2)_6]^{2+}$ schnelle Substitutionsreaktionen eingeht (in der Größenordnung von Mikrosekunden), wohingegen $[Co(NH_3)_5Cl]^{2+}$ dies sehr langsam tut (im 10 h-Geschwindigkeitsbereich), und daß die $[Co(NH_3)_5Cl]^{2+}$–$[Cr(OH_2)]^{2+}$-Reaktion sehr schnell verläuft. Außerdem muß betont werden, daß das beobachtete Produkt $[Cr(OH_2)_5Cl]^{2+}$ ein langlebiges Intermediat der Reaktion ist. denn im Gleichgewicht mit $[Cr(OH_2)_6]^{3+}$ und Cl^- liegen weniger als 1% $[Cr(OH_2)_5Cl]^{2+}$.

Offensichtlich gelangt das fragliche Chlorid-Ion mit dem $[Co(NH_3)_5Cl]^{2+}$-Reaktanten in den Übergangszustand für den Elektronenübergang und verläßt ihn mit dem $[Cr(OH_2)_5Cl]^{2+}$-Produkt. Es sei nochmals betont, daß der eigentliche Punkt in Entwurf und Anlage des Experiments liegt, denn die Schlußfolgerung ist dann unausweichlich: Im Übergangszustand muß das Chloridion sowohl an Cobalt als auch an Chromium gebunden gewesen sein, eben in Form des plausiblen verbrückten aktivierten Komplexes [8].

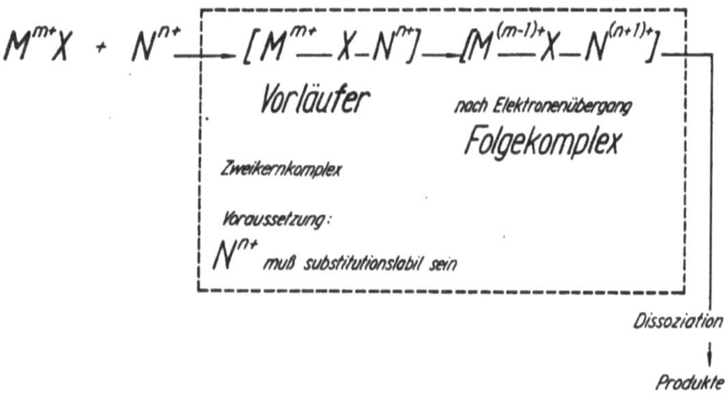

Abb. 6. Schematische Darstellung der Elektronenübertragung im ligandenverbrückten aktivierten Komplex = Innensphärenmechanismus, mit seinen einzelnen Stadien

Nach der Favorisierung eines verbrückten aktivierten Komplexes für die Elektronenübertragung läßt sich die Redox-Gesamtreaktion in eine Folge von Elementarschritten aufgliedern: Dem verbrückten aktivierten Komplex geht ein Vorläuferkomplex („precursor") voraus, und ein Folgekomplex („successor") folgt ihm nach, wie in Abb. 6 veranschaulicht. Angewandt auf den klassischen aktivierten *Taube*-Komplex sind dies die folgenden Spezies bzw. Elementarschritte:

Das Nettoergebnis ist der Chloridübergang von Co(III) zu Cr(II) und zwar als Konsequenz der kinetischen Substitutionseigenschaften der Reaktanten und Produkte bezüglich der Labilität der Metallionen vor und nach dem Elektronenübergang, wobei die jeweils labilere M—Cl-Bindung gebildet bzw. gelöst wird. Je nachdem, ob in der Dreischritt-Reaktionsfolge entweder die Bildung des Vorläuferkomplexes oder die Dissoziation des Folgekomplexes oder der Elektronenübergang am langsamsten verläuft, haben wir es mit einer substitutionskontrollierten oder redoxkontrollierten Reaktion zu tun.

Im allgemeinen ist die Anwesenheit eines „basischen", nichtbindenden Elektronenpaares am Brückenliganden notwendige Bedingung für einen Innensphärenmechanismus, es kann aber auch das Donatorelektronenpaar einer π-Bindung wie im 4-Vinylpyridin gegenüber gewissen Metallionen wirksam werden. Ist die σ-Basizität wie im Sauerstoffatom metallgebundenen Wasser oder O-komplexgebundenen Harnstoffs sehr niedrig, oder gibt es keine nichtbindenden Paare wie im Kohlenstoff C-gebundenen Cyanids oder im Stickstoff N-gebundenen Isothiocyanats, so können diese Liganden nicht als Brückenliganden für einen Innensphärenmechanismus fungieren, jedenfalls nicht für einen Angriff in unmittelbarer Nachbarschaft zum zweiten Metallzentrum („adjacent attack"). Alternative: Fernangriff („remote attack").

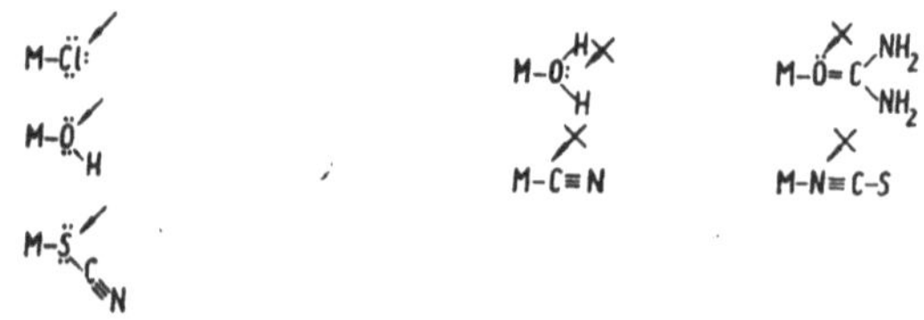

Angriff in Nachbarschaft zum zweiten Metallzentrum möglich

Angriff in Nachbarschaft zum zweiten Metallzentrum nicht möglich

Stabile gemischtvalente verbrückte Zweikernkomplexe

Die Isolierung von stabilen Zweikernkomplexen des Typs M—L—M' mit einem Liganden, der zwei Metallzentren in verschiedenen Oxidationszuständen verbrückt und in dem für die individuellen Metallionen (außer der Oxidationszahl 0) zwei Oxidationszustände zugänglich sind (womöglich jeweils mit $\Delta z = 1$), würde die separierte Untersuchung von Zuständen gestatten, die man sonst nur im aktivierten Komplex für die Elektronenübertragung annimmt. Diese Aufgabe reizte deshalb die Experimentatoren auf dem Fachgebiet, zumal die Theoretiker für homo-

$$[Co^{III}(NH_3)_5Cl]^{2+} + [Cr^{II}(OH_2)_6]^{2+} \underset{Pt}{\overset{substitutive}{\rightleftarrows}} [NH_3)_5Co^{III}Cl\cdots Cr^{II}(OH_2)_5]^{4+}$$

Bildung des Vorläuferkomplexes — Vorläuferkomplex

$$[(NH_3)_5Co^{III}Cl\cdots Cr^{II}(OH_2)_5]^{4+} \rightarrow [NH_3)_5Co\cdot\cdot Cl\cdot\cdot Cr(OH_2)_5]^{4+}$$

Elektronenübergang im aktivierten Komplex — aktivierter Komplex

$$[(NH_3)_5Co\cdot\cdot Cl\cdot\cdot Cr(OH_2)_5]^{4+} \rightarrow [(NH_3)_5Co^{II}\cdots ClCr^{III}(OH_2)_5]^{4+}$$

Entstehung des Folgekomplexes nach Elektronenübertragung — Folgekomplex

$$[(NH_3)_5Co^{II}\cdots ClCr^{III}(OH_2)_5]^{4+} \xrightarrow[H_2O/H^+]{} [Co(H_2O)_6]^{2+} + 5\,NH_4^+ + [(H_2O)_5CrCl]^{4+}$$

Dissoziation

nukleare „Gemischtvalenzkomplexe", die also das gleiche Metall in mehreren Oxidationsstufen enthielten, Ende der 60er Jahre ziemlich konkrete Vorhersagen über den Zusammenhang zwischen der Energiebarriere für den thermischen Elektronenübergang und der Energie der Absorptionsbande für eine lichtinduzierte M—zu—M'-Ladungsübertragung, über die Bandengestalt und die Oszillatorstärke machen konnten.

Bei symmetrischen homonuklearen Gemischtvalenzverbindungen mit mäßiger elektronischer Kopplung sollte die Energie der „Intervalenz-Transfer(IT)-Bande" für die Einelektronenübertragung

$$E_{op} = 4\Delta G^*_{th}$$

betragen, wobei ΔG^*_{th} die Energiebarriere für den thermischen Elektronenübergang im gleichen Material bedeutet, d. h., die Energie für die optische Übertragung ist viermal größer als die für die thermische Übertragung.

Der klassische Gemischtvalenzkomplex ist das Berliner Blau. Seine konstitutiven Bestandteile $[Fe(OH_2)_6]^{3+}$ und $[Fe(CN)_6]^{4-}$ absorbieren im sichtbaren Spektralbereich relativ gering. Der beim Mischen entstehende Komplex ist aber bekanntlich tiefblau. Offensichtlich ist das sichtbare Spektrum des Produkts nicht einfach additiv das der Reaktanten. Vielmehr rührt die charakteristische Bande des Berliner Blau her von einer optisch induzierten Elektronenübertragung von Fe^{2+} zu Fe^{3+}, die eben deshalb als „Intervalenz"-Elektronenübertragung bezeichnet wird. Der molare Extinktionskoeffizient der IT-Bande des Berliner Blau ist mit ca. 3400 nicht einmal extrem groß; durch die hohe „Konzentration" im schwerlöslichen Festkörper ist die erzielbare Farbtiefe und Intensität beträchtlich (Zusatz zur Druckerschwärze!).

Eine Klassifizierung nach dem Kriterium der elektronischen Wechselwirkung wurde von *Robin* und *Day* [9] gegeben. Sie entsprichte *mutatis mutandis* den 3 allgemeinen Fällen von Elektronenübertragungsreaktionen unter dem Abschnitt „Potentialenergie-Diagramme für den Außensphärenmechanismus" (s. o.) Abb. 4. Die grundlegende Theorie zum Intervalenz-Elektronentransfer stammt von *N. S. Hush* [10]. Kurze Zeit später wurden die ersten stabilen zweikernigen Gemischtvalenzkomplexe „der Neuzeit" synthetisiert und ihre Elektronenspektren mit dem *Hush*-Modell interpretiert. Es handelt sich um ein pyrazinverbrücktes zweikerniges Decaammin-ruthenium(II, III)-Ion, das z. B. als Pentachlorid mit 5 H_2O isolierbar ist [11] und ein zweikerniges C—C-Ligandenverbrücktes Ferrocen/Ferricinium-Ion mit formal Fe(II) und Fe(III) [12]. In den letzten 15 Jahren wurden inzwischen über 100 Komplexe mit $M^{II}—M^{III}$-Verbrückung synthetisiert, insbesondere mit d^6-d^5-Metallzentren (Fe, Ru, Os) [13].

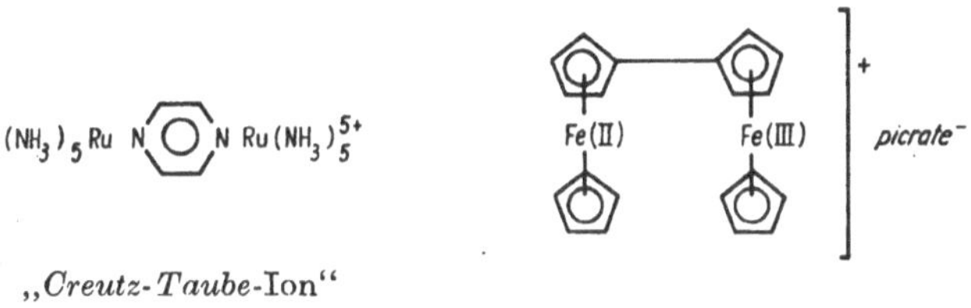

„*Creutz-Taube*-Ion"

Die isolierten Komplexe haben gegenüber Verbindungen wie Berliner Blau den Vorteil definierter diskreter molekularer Einheiten. Das *Creutz-Taube*-System bietet zusätzlich den Vorteil, daß beide enthaltene Oxidationszustände Ruthenium(II) und Ruthenium(III) kinetisch inert sind. Die Komplexe dieses Typs sind deshalb mit Halbwertszeiten von Tagen in wäßrigen Lösungen problemlos mit herkömmlichen Mitteln untersuchbar.

Der Ursprung der IT-Bande ist ein optischer Übergang, wie er in Abb. 7 bzw. 8 skizziert ist. Seine Energie ist gegeben durch E_{op}. Es handelt sich um einen sog. vertikalen

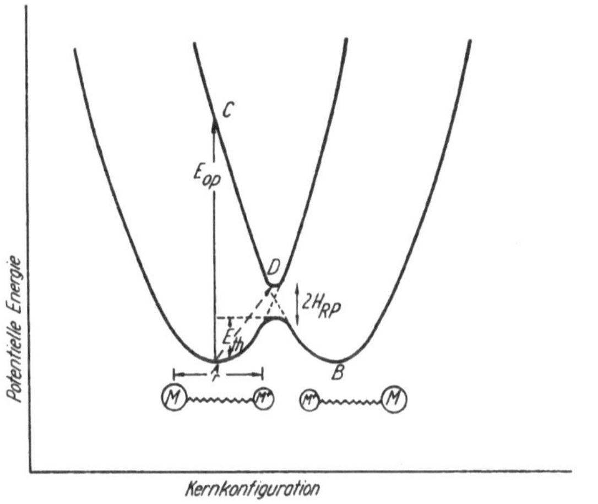

Abb. 7. Allgemeines Potentialenergiediagramm für einen symmetrischen Gemischtvalenzkomplex; E_{op} = Energie der Intervalenztransfer (= IT)-Bande

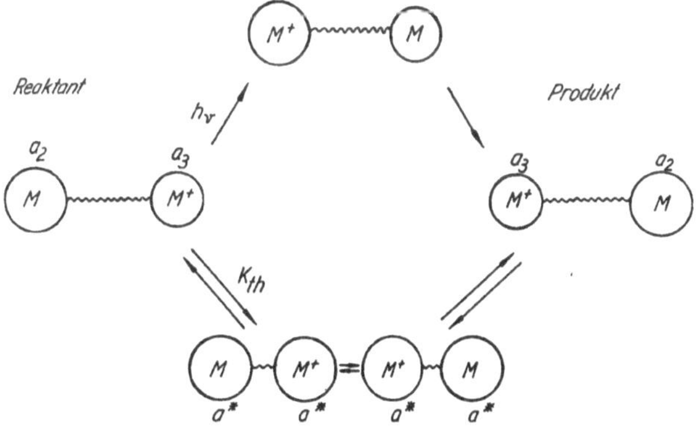

Abb. 8. Thermischer und optischer Elektronenübertragungsprozeß in einem symmetrischen zweikernigen Gemischtvalenzkomplex

Übergang vom Punkt A (Vibrationsgrundzustand der Kernkonfiguration minimaler Energie des Reaktanten) zum Punkt C (gleiche Kernkonfiguration, angeregter Schwingungszustand). Die gestrichelte Linie von A nach D repräsentiert einen sog. nichtvertikalen, verbotenen Übergang (*Franck-Condon*-Restriktion) mit verschiedener Kernkonfiguration. Die zugehörigen Kernbewegungen hätten während der Elektronenübertragung eintreten müssen, sind aber aus diesem Grund (*Franck-Condon*) verboten.

Der Intervalenz-Übergang entspricht der Übertragung eines Elektrons von einem Metallzentrum zum anderen. Nachdem das Elektron übertragen worden ist, befindet es sich in einem schwingungsangeregten Zustand. In Kurzschreibweise lassen sich die Verhältnisse z. B. für das *Creutz-Taube*-Ion wie folgt darstellen:

$$(2, 3) \xrightarrow{h\nu} (3, 2)^*$$

Dieser Prozeß gilt im Prinzip für alle zwei- und mehrkernigen Gemischtvalenzkomplexe mit redoxaktiven Metallzentren. Die Produkte werden immer im schwingungsangeregten Zustand gebildet, weil sie die gleiche Kernkonfiguration wie die Reaktanten in deren Schwingungsgrundzustand besitzen, aber eben zusätzliche als Schwingungsenergie ausgewiesene potentielle Energie haben. Die Produkte relaxieren, desaktivieren auf ihren Schwingungsgrundzustand durch Wärmeabgabe, d. h., die Lösung heizt sich während der Schwingungsrelaxation um einen infinitesimalen Betrag auf. Es sei betont, daß der schwingungsangeregte Zustand nicht verwechselt werden darf mit einem orthodoxen elektronischen Anregungszustand. Vielmehr verbleibt der Zweikernkomplex normalerweise die gesamte Zeit über in seinem elektronischen Grundzustand. Der Elektronenübergang kann und wird auch zu einem elektronischen Anregungszustand erfolgen können, dies aber bei einer viel höheren Energie, und die daraus resultierende Spektralbande liegt im UV-Bereich des Spektrums, wo sie normalerweise durch andere intensive, z. B. Ligand-zu-Metall-Ladungsübertragungsbanden überdeckt ist. Für Intervalenztransfer-Komplexe von *Creutz-Taube*-Typ liegt die IT-Bande meist im nahen IR-Bereich, während die (2,2)-Dimeren bzw. die (3,3)-Dimeren dort überhaupt nicht absorbieren.

Die Chemie der gemischtvalenten Komplexe ist so aktuell, daß ihnen in Jahresrückblicken und Referateorganen eigene Rubriken und Schlüsselworte eingeräumt werden. Inzwischen gelang der *Taube*-Gruppe auch die Darstellung des Os-Analogons zum *Creutz-Taube*-Kation, $[(NH_3)_5Os(pyrazin)Os(NH_3)_5]^{5+}$ [14]. Gut untersuchte Vertreter sind bei den Kombinationen Au(I)—Au(III) und Cu(II)—Cu(III) zu finden. Von da ist es nicht weit zu Hetero-Metall-Komplexen und Clustern, deren Redox-Chemie noch am Anfang der Untersuchungen steht und für das Verständnis des funktionalen Verhaltens von Redoxenzymen, die Entwicklung biologischer Brennstoffzellen oder allgemein des Elektronentransfers von und zu Proteinen wichtig ist.

Die Brücke zwischen „mixed-valence"-Komplexen zu zweidimensional elektrisch leitenden Verbindungen wird schließlich geschlagen von Koordinationsverbindungen des Multischwefelliganden 4,5-Dimercapto-1,3-dithiol-2-thion und analogen abgeleiteten 1,2-Diselenolate-Dianionen [15], bei denen kürzlich die Darstellung eines Nickel-(O)-Nickel(I)-Komplexes der Bruttozusammensetzung $[Ni(dmit)_2]$ $(Bu_4N)_{0,29}$ mit Schichten von $[Ni(dmit)_2]$-Spezies und intermolekularen S—S-Verbrückungskontakten gelang [16].

Die *Hush*-Theorie gilt einigermaßen streng nur für den Fall schwacher elektronischer Kopplung mit resultierender schwacher Oszillatorstärke der IT-Bande. Bei starker Kopplung werden die Banden schmaler als von der *Hush*-Theorie voraussagbar, und die Extinktionskoeffizienten werden sehr groß. Verständlicherweise hängt die Energie der IT-Banden ab vom Abstand der Metallzentren, von der Natur der Metallatome und der Brückenliganden und auch von den Nichtbrückenliganden in der Koordinationssphäre und von der thermischen *Franck-Condon*-Barriere. Verständlich deshalb auch, daß es bei so komplexen Einflüssen bei starker Wechselwirkung eine geschlossene Theorie (noch?) nicht gibt.

Auf eine weitere Konsequenz der *Hush*-Theorie sei abschließend hingewiesen: Im Prinzip gibt es zwei mögliche Intervalenz-Elektronenübergänge, nämlich von jedem der beiden Minima zur Energiefläche 1. Ordnung. Normalerweise beobachtet man aber nur eine IT-Bande aus folgendem Grund: Das Verhältnis der Zahl der Reaktanten-Moleküle zur Zahl der Produkt-Moleküle wird durch die Bruttoenergiedifferenz zwischen beiden Minima bestimmt. Bei heteronuklearen Elektronenübertragungsreaktionen wird es infolgedessen viel mehr Produkt- als Reaktantenmoleküle geben und viel mehr Übergänge vom Produktminimum aus. Die geringe Zahl von Übergängen, die vom Reaktantenminimum ausgehen, wird aufgrund zu geringer Intensität als IT-Bande nicht gesehen werden, sondern gegebenenfalls zu einer Bandenverbreiterung der „Produkt"-IT-Bande führen. Bei der symmetrischen homonuklearen Elektronenübertragung läßt sich natürlich überhaupt nicht sagen, von welchem Minimum aus der Übergang erfolgt. Bei extremer Energiedifferenz schließlich können sich die Energieflächen von Reaktanten und Produkten schneiden, so daß beide Potentialminima auf der gleichen Seite des Schnittpunkts liegen. In diesem Falle sagt die Theorie zwar wiederum 2 Übergänge voraus, von denen aber der eine ($E_{op,2}$) einer Emission entspricht und als Fluoreszenz zu beobachten sein müßte, ein Phänomen, daß in organisch-chemischen Charge-Transfer-Studien häufig auftritt, bei Zweikernkomplexen aber noch nicht beobachtet wurde.

1984 legten 8 beteiligte Spitzenlaboratorien eine gemeinsame Experimentalstudie des *Creutz-Taube*-Komplexes vor. Mit den gegenwärtig leistungsfähigsten relevanten Meßmethoden wurde versucht, definitive Aussagen über die Lokalisierung des fraglichen Elektrons und die Ladungsewchselwirkungen zu erhalten (Röntgenbeugung und -Kristallstrukturanalyse, ^{99}Ru-*Mößbauer*-Spektroskopie, EPR, UV-VIS- und IR-Spektroskopie, Resonanz-Raman-Spektroskopie). Antwort: Es ist nach wie vor nicht entscheidbar, ob das ungepaarte Elektron an einem Rutheniumatom lokalisiert („2, 3") oder über beide delokalisiert („2,5/2,5") ist. Überdies fand man eine bisher unterschätzte starke Wechselwirkung zwischen den Metallzentren (d-Orbitale) und dem Pyrazinring! [17]. Dennoch besteht kein Grund zur Resignation. Schon gibt es Anzeichen für eine Umkehrstrategie: Die Anregungen aus der organischen Chemie führten *Taube* zu seinem weitreichenden Entwurf. Heute fragen sich die organischen Chemiker, ob sie Abschied vom Tabu ihrer so erfolgreichen Elektronenpaarmechanismen zu nehmen haben, und beginnen, die mechanistischen Prinzipien der Einelektronenübertragung auch auf klassische organisch-chemische Reaktionen anzuwenden. [18]

Die Nobelpreisverleihung an *Henry Taube* löste eine Reihe von thematischen und Würdigungsartikeln aus, von denen zur weiteren Information stellvertretend zitiert seien:

a) *H. Taube*, Angew. Chem. *96* (1984) 315
b) *E.-G. Jäger*, Wissenschaft und Fortschritt *34* (1984) 79
c) *K. Wieghardt*, Nachr. Chem. Techn. Lab. *31* (1983) 959

Ferner sei verwiesen auf Band *30* von Prog. Inorg. Chem. (1983), der *Henry Taube* gewidmet ist [13].

Eingegangen am 27. 9. 1984

Literatur

[1] *H. Taube*, Chem. Rev. **50** (1952) 69
[2] *R. W. Dodson*, J. Amer. Chem. Soc. **72** (1950) 3315
[3] *R. A. Marcus*, Discussions Faraday Soc. **29** (1960) 21
[4] *W. F. Libby*, J. Phys. Chem. **56** (1952) 863
[5] *R. A. Marcus, B. J. Zwolinski, H. Eyring*, J. Phys. Chem. **58** (1954) 432
[6] *R. A. Marcus*, J. Chem. Phys. **24** (1956) 966
[7] *R. A. Marcus*, Ann. Rev. Phys. Chem. **15** (1964) 155
[8] *H. Taube, H. Meyers, R. L. Rich*, J. Amer. Chem. Soc. **75** (1953) 4118
[9] *M. B. Robin, P. Day*, Adv. Inorg. Chem. Radiochem. **10** (1967) 247
[10] *N. S. Hush*, Prog. Inorg. Chem. 8 (1967) 391
[11] *C. Creutz, H. Taube*, J. Amer. Chem. Soc. **91** (1969) 3988; loc. cit. **95** (1973) 1086
[12] *D. O. Cowan, F. Kaufman*, J. Amer. Chem. Soc. **92** (1970) 219
[13] *C. Creutz*, Prog. Inorg. Chem. **30** (1983) 1
[14] *R. H. Magnuson, P. A. Lay, H. Taube*, J. Amer. Chem. Soc. **105** (1983) 2507
[15] *R.-M. Olk, W. Dietzsch, E. Hoyer*, Synth. React. Inorg. Met.-Org. Chem., **14** (7) (1984)
[16] *P. Cassoux, L. Valade, M. Bousseau, A. Gleizes*, J. Chem. Soc. Chem. Commun. **1983** 110
[17] *U. Fürholz, H.-B. Bürgi, F. E. Wagner, A. Stebler, J. A. Ammeter, E. Krausz, R. J. H. Clark, M. J. Stead*, J. Amer. Chem. Soc. **106** (1984) 121
[18] *W. Kaim*, Nachr. Chem. Techn. Lab. **32** (1984) 436

Isotopenpraxis 21 (1985) 7, S. 237 bis 240

Das Mutterisotop der Kernspaltung ^{235}U — 50 Jahre

A. Hermann

(Akademie der Wissenschaften der DDR, Zentralinstitut für Kernforschung Rossendorf)[1])

Es wird die Bedeutung des Isotops ^{235}U anläßlich des 50. Jahrestages seiner Entdeckung gewürdigt. Nach einem kurzen Überblick über die Entdeckungsgeschichte wird auf das Vorkommen des ^{235}U in der Natur, die Möglichkeit der Bildung aus anderen Uraniumisotopen und das Phänomen des natürlichen Kernspaltungsreaktors in der Uraniumerzmine von Oklo (Gabun) eingegangen. Es folgen Ausführungen über die Rolle des ^{235}U in der heutigen Kernenergetik.

The importance of the isotope ^{235}U has been appreciated on occasion of the 50th anniversary of its dicovery. A short review of the history of the discovery is followed by explanations of the presence of ^{235}U in nature, of the possibility of its formation from other uranium isotopes and of the phenomenon of the natural fission reactor in the uranium deposit of Oklo (Gabon). Furthermore the role of ^{235}U in todays nuclear energetics has been explaned.

Keywords

fission; isotope ratio; natural nuclear reactors; Oklo phenomenon; uranium 235; uranium isotopes

Uranium ist ein altes Element: Es wurde bereits 1789 von *Klaproth* entdeckt. Demgegenüber ist der wichtigste Bestandteil des natürlichen Uraniums, das Isotop ^{235}U mit seiner immensen technischen und militärischen Bedeutung, noch jung. Seine Entdeckung jährt sich 1985 zum fünfzigsten Mal.

Dieses Jubiläum soll der Anlaß sein, einige historische Daten in Erinnerung zu rufen und die verschiedenen Aspekte des Einsatzes von Uranium-235 zu beleuchten.

Entdeckung

Obwohl beim Uranium die Erscheinung der Isotopie überhaupt entdeckt wurde, dauerte es noch fast 30 Jahre, bis ^{235}U experimentell nachgewiesen werden konnte. Bei der Untersuchung der natürlichen radioaktiven Zerfallsreihen stellten *McCoy* und *Ross* [1] im Jahre 1907 fest, daß zwei Arten Uranium existieren, U I (^{238}U) und U II (^{234}U, Umwandlungsprodukt des ersten). *Soddy* fand 1910 die gleiche Erscheinung beim Radium (Radium und Mesothorium I der Zerfallsreihen) und gab ihr den heutigen Namen. Das in bedeutend geringerer Menge im natürlichen Uranium vorhandene ^{234}U (siehe Tab. 1) war also viel früher bekannt und nachgewiesen als ^{235}U.

Tab. 1. Kernphysikalische Charakteristiken der natürlichen Uraniumisotope

Isotop	Anteil im natürlichen Vorkommen, %	Halbwertszeit, a	
		Alphazerfall	Spontanspaltung
^{234}U	0,0056	$2{,}446 \cdot 10^5$	$2 \cdot 10^{16}$
^{235}U	0,7205	$7{,}038 \cdot 10^8$	$3{,}4 \cdot 10^{17}$
^{238}U	99,2739	$4{,}468 \cdot 10^9$	$8{,}9 \cdot 10^{15}$

(Daten aus: Nucl. Data 9 (1971) 267; Nucl. Data Sheets 38 (1983); Karlsruher Nuklidkarte 1981; „Isotopy“, Moskau 1970)

[1]) Anschrift: 8051 Dresden, PSF 19

Daß es ein Isotop ^{235}U gibt, wurde 1917 von *Piccard* [2] als wahrscheinlichste Erklärung des Entstehens der Actinium-Zerfallsreihe vorausgesagt. Aus den Ergebnissen der Untersuchung der natürlichen Zerfallsreihen wurden Abschätzungen zum Anteil im natürlichen Uranium und zur Halbwertszeit des ^{235}U gemacht, die es *Rutherford* 1929 gestatteten [3], das Alter der Erde bei Annahme gleicher Anteile von ^{235}U und ^{238}U zum Zeitpunkt ihrer Entstehung auf $3{,}4 \cdot 10^9$ Jahre festzulegen, was dem heute angenommenen Wert von $(4{,}47-7{,}24)10^9$ Jahren [4] sehr nahe kommt.

Die Entdeckung des ^{235}U ist eng mit der Entwicklung der Massenspektroskopie verbunden. Ausgangspunkt war die Beobachtung von *Wien* [5], daß sich Kanalstrahlen durch magnetische Felder ablenken lassen und dabei eine Inhomogenität zeigen. Auf dieser Grundlage entwickelte *Thomson* [6] seine Parabelmethode, mit der er 1910 verschiedene Massenkomponenten der Elemente getrennt nachweisen konnte. Der erste Massenspektrograph im heutigen Sinne wurde 1919 von *Aston* [7] gebaut. Durch Ablenkung in einem magnetischen und elektrischen Feld wurde ein Massenspektrum mit parallelen Masselinien erhalten. Damit konnte nachgwieesen werden, daß die meisten chemischen Elemente aus mehreren Isotopen bestehen. Jedoch war die Auflösung der *Aston*schen Apparate noch nicht groß genug, um die relativ geringe und unter 1% liegende (Tab. 1) Massenkomponente ^{235}U im Spektrum des Uraniums zu erkennen. In einer Gasentladungsröhre mit UF_6 als Untersuchungsmedium fand *Aston* nur das Isotop ^{238}U [8].

Die Entdeckung des ^{235}U gelang *Dempster*, der in seinen „Massenspektrographen“ im Gegensatz zu der von *Aston* realisierten Geschwindigkeitsfokussierung die Richtungsfokussierung anwandte [9]. Damit erreichte er eine bessere Auflösung und Genauigkeit. Mit einer zur damaligen Zeit neuartigen Funkenionenquelle unter Verwendung einer Gold- und einer Uraniumelektrode wies *Dempster* 1935 das ^{235}U nach und stellte bereits fest, daß sein Anteil unterhalb 1% des natürlichen Uraniums liegt [10]. Das dritte Isotop, ^{234}U, konnte er allerdings mit seinem Apparat nicht registrieren. Dies gelang 1939 *Nier* [11], der mit seinen Neuerungen praktisch den bis in die heutige Zeit verwendeten Typ von Massenspektrometern entwickelte. Er bestimmte damals die Isotopenzusammensetzung des Uraniums zu 0·0058% ^{234}U, 0·715% ^{235}U und 99.279% ^{238}U.

Uraniumisotope in der Natur und Kernspaltung

Obwohl ^{235}U nur 1/139 des natürlichen Uraniums ausmacht, kann man es doch als seinen wichtigsten Bestandteil ansehen, denn als einziges natürliches Isotop, das sich mit thermischen Neutronen mit dem enorm großen Wirkungsquerschnitt von 595 Barn unter Aussendung von 2 – 3 Neutronen spalten läßt, ist es die Basis der volkswirtschaftlich so bedeutenden Kernenergetik. Kurz nach der Entdeckung (1938 durch *Hahn* und *Strassmann*) und der theoretischen Begründung (1939 durch *Meitner* und *Frisch*) der Kernspaltung zeigten *Nier*, *Booth*, *Dunning* und *Grosse* [12] im Jahre 1940, daß die Kernspaltungsreaktion des Uraniums mit langsamen Neutronen allein dem ^{235}U zuzuschreiben ist. Dies war zuvor von *N. Bohr* und *J. A. Wheeler* theoretisch vorausgesagt worden [14]. Im gleichen Jahr 1939 wurden die 2—3 freiwerdenden Überschußneutronen der Kernspaltungsreaktion experimentell nachgewiesen (*Joliot-Curie*, *Halban* und *Kowarski* [23]), womit die grundsätzlichen Voraussetzungen der Kernspaltungs-Kettenreaktion bekannt waren. Die erste Realisierung derselben in einem „Atom-Meiler" erfolgte 1942 durch *Fermi*. Damit war das technische Uraniumzeitalter eröffnet worden und dementsprechend wurde den Uraniumvorkommen in der Natur größere Aufmerksamkeit geschenkt.

Alle natürlichen Uraniumisotope sind radioaktiv mit unterschiedlicher Halbwertszeit (Tab. 1), wodurch über lange Zeiträume eine Veränderung der Isotopenzusammensetzung bedingt ist. Es sind auch Kernreaktionen denkbar, die in der Natur zur Umwandlung eines Uraniumisotops in ein anderes führen. ^{238}U hat einen relativ hohen Anteil der Spontanspaltung (Tab. 1), so daß etwa auf eine Million Alphazerfälle eine spontante Kernspaltung unter Aussendung von 2—3 Überschußneutronen kommt. Durch Neutroneneinfang im ^{238}U entsteht auf dem bekannten Weg über ^{239}U und ^{239}Np (2β-Zerfälle) ^{239}Pu, das sich durch Alphazerfall mit einer Halbwertszeit von 24110 Jahren in ^{235}U umwandelt. Hierzu können Neutronen aus α,n-Reaktionen mit leichten Kernen (^{18}O, ^{9}Be, ^{19}F) kommen. Neben der Umwandlung in ^{235}U bewirken die Neutronen auch die Spaltung des ^{235}U. Ausgehend von diesen Daten und dem heutigen $^{235}U/^{238}U$-Verhältnis kommt man zu dem Schluß, daß sich während der Halbwertszeit des ^{235}U unter besonders günstigen Umständen der relative ^{235}U-Gehalt infolge der Kernreaktionen um 0,01% vergrößern könnte [13]. Das wäre durchaus eine experimentell meßbare Veränderung.

Die Isotopenzusammensetzung des Uraniums wurde von vielen Wissenschaftlern untersucht, wobei sowohl die verschiedensten Uraniumerze der Erde als auch Steinmeteoriten und Mondgestein als Untersuchungsobjekte dienten. Man stellte eine Konstanz des $^{235}U/^{238}U$-Verhältnisses fest. *Senftler* u. a. [15] bestätigten dies mit einer Standardabweichung von 0,23% *Hamer* und *Robbins* [16] ein paar Jahre später sogar mit 0,05%. Nur einzelne Arbeiten wiesen auf Schwankungen im $^{235}U/^{238}U$-Verhältnis hin [17]. Im allgemeinen ist man der Ansicht, daß geologische Prozesse zwar zu einer An- oder Abreicherung von Uranium, jedoch nicht zu einer Trennung von ^{235}U und ^{238}U führen können.

1972 fanden französiche Wissenschaftler in der Isotopentrennanlage Pierrelatte einen gegenüber dem langjährigen Mittelwert von 0,7202 ± 0,0006 Atom-% niedrigeren ^{235}U-Gehalt im Ausgangsprodukt UF_6 von 0,7171 ± 0,0007 Atom-% [18]. Als man dieser Sache nachging, wurde die Uraniumerzmine von Oklo in Gabun als Verursacher des ^{235}U-Defizits festgestellt. Eine detaillierte Untersuchung der dortigen Uraniumerzmine brachte eng lokalisierte (z. B. 10 cm × 20 cm) Gebiete mit Abreicherungen an ^{235}U (bis auf 0,3%) zutage [19]. Zur Erklärung dieser ^{235}U-Abreicherungen wurde die Hypothese von in frühen geologischen Epochen in bestimmten Erzlagerstätten abgelaufenen Kernspaltungs-Kettenreaktionen aufgestellt. Diese Hypothese wurde vor allem durch den Nachweis der stabilen Endglieder der Spaltprodukt-Bildungsketten, insbesondere in der Massenregion der Seltenen Erden, bewiesen. Abgesehen davon, daß die Mengenverhältnisse der einzelnen Seltenen Erden untereinander in den betreffenden Fundstätten ganz andere waren, als man sie sonst in der Natur vorfindet, ließ sich an Hand der Isotopenzusammensetzung z. B. des Neodymiums nachweisen, daß sie der des Spalt-Neodymiums der ^{235}U-Kernspaltung gleicht [20]. Das Ablaufen einer natürlichen Kernspaltungs-Kettenreaktion wird mit dem seltenen Zusammentreffen vieler günstiger Faktoren in der Erzmine von Oklo erklärt:

- Durch natürlich abgelaufene Oxidations- und Reduktionsprozesse (und damit verbundene Änderungen der Löslichkeitsverhältnisse) fand eine lokalisierte Aufkonzentrierung des Uraniums in der Lagerstätte bis zu 50% statt. Bei entsprechender Dicke des Flözes entstand so eine kritische Masse;
- Der Zeitraum des Aublaufs der Kernspaltungs-Kettenreaktion wurde zu (1,7—1,9) · 10^9 Jahren bestimmt. In dieser Zeit betrug die ^{235}U-Anreicherung etwa 3%, was für die Wassermoderation sehr günstig ist. Geologische Untersuchungen der Mineralien bewiesen, daß genügend Kristall- und Grundwasser für die Moderation vorhanden war;
- Durch günstige Druckverhältnisse (entsprechende Tiefe der damaligen Lagerstätte) ist ein Verdampfungsmechanismus für das Moderatorwasser denkbar, der eine Überkritikalität verhinderte und zu einem langsamen Verlauf der Kernspaltungs-Kettenreaktion über eine lange geologische Periode führte [21].

Tab. 2. Entwicklung von Angebot und Bedarf an Trennarbeit in der westlichen Welt (in 1000 t UTA/a[1]))

Anbieter	Jahr		
	1985	1990	1995
Urenco	1,5	3,0	4,5
Eurodif.	10,8	10,8	10,8
DOE (USA)			
Diffusion	27,3	27,3	18,0
Zentrifuge	0,2	3,1	13,2
UdSSR (NSW-Export)	2,0	2,0	1,0
PNC (Japan)	0,05	0,3	1,0
UCOR (Südafrika)	0,3	0,3	0,3
Nucleibras		0,2	0,2
Gesamt	42,1	47,0	49,0
Bedarf	23	30	36

[1]) UTA = Uranium-Trennarbeit (Arbeits-Wertäquivalent zur Erreichung einer bestimmten Anreicherung)

Tab. 3. Uranium-Isotopenzusammensetzung abgebrannten Kernbrennstoffs des Reaktors WWER-440 (^{235}U-Ausgangsanreicherung 3,6%)

Isotop	Probe-Nummer		
	1	2	3
^{234}U	0,0270 ± 0,0010	0,0249 ± 0,0012	0,0210 ± 0,0007
^{235}U	1,7322 ± 0,0033	1,3931 ± 0,0031	0,8832 ± 0,0025
^{236}U	0,3683 ± 0,0021	0,4251 ± 0,0017	0,5150 ± 0,0031
^{238}U	97,873 ± 0,009	98,1569 ± 0,005	98,581 ± 0,007
Abbrand % fima	2,14	2,78	3,89

In der Oklo-Uraniumerzmine wurden 6 ,,Natur-Reaktor-Zonen" gefunden. Bis jetzt sind in anderen Uraniumerzlagerstätten derartige Zonen nicht aufgefunden worden, aber trotzdem ist es verfrüht, von einer einmaligen Erscheinung zu sprechen.

^{235}U heute

Für die technisch ausgereifte Nutzung des Uraniums zur Energieerzeugung im energetischen Kernreaktor ist zunächst dessen ^{235}U-Gehalt von größter Wichtigkeit. In seiner natürlichen Form mit 0,72% ^{235}U ist Uranium jedoch nur unter bestimmten Moderationsbedingungen verwendbar, z. B. bei Schwerwassermoderierung im kanadischen CANDU-Reaktor. Im technischen Maßstab hat sich weltweit ein anderer Weg durchgesetzt: die Erhöhung des ^{235}U-Gehaltes im Uranium durch Isotopentrennung und die dadurch mögliche Moderierung mit gewöhnlichem Wasser. Das sind ganz grob ausgedrückt die Bedingungen, unter denen auch der natürliche ,,Reaktor" in Oklo vor etwa 2 Mrd. Jahren funktioniert hat.

Die Isotopentrennung zum Zwecke der Anreicherung des Uraniums mit ^{235}U wird heute noch größtenteils mit energieintensiven Diffusionstrennanlagen durchgeführt (Firmen: USDOE, USA; Eurodif, Frankreich; Techsnabexport, UdSSR). Daneben ist die Technik der Gas-Ultrazentrifuge zur industriellen Reife entwickelt worden und wird bei der Firma Urenco (BRD, GB, NL) angewandt. Dieses Verfahren erfordert wesentlich weniger Energie (5% des Gasdiffusionsverfahrens [22]), und es zeichnet sich ab, daß es das ältere Gasdiffusionsverfahren verdrängen wird. Zur Zeit werden jedoch der Isotopentrennung mit Lasern noch günstigere Perspektiven eingeräumt, da sie vor allem hinsichtlich der Selektivität die anderen Verfahren weit übertrifft und deshalb auch in der Lage sein wird, wiederaufgearbeitetes Uranium anzureichern, ohne die schädlichen Isotope ^{236}U und ^{232}U mit einzuschleppen, oder das ^{235}U des ,,Abfall-Uraniums" der ,,konventionellen" Anreicherungsanlagen noch einer Nutzung zuzuführen.

Der Bedarf an angereichertem Uranium ist zur Zeit mehr als gedeckt. Die Auslastung der Anlagen in den USA lag 1983 unter 40% und die der Eurodif-Anlage bei 60%. Selbst 1995 wird für die westliche Welt noch eine Überkapazität an Trennleistung von ca. 40% erwartet [25]. Eine Abschätzung der Entwicklung gibt Tab. 2 wider.

Ähnlich günstig sieht es für die nächsten 10–15 Jahre auch bei der Versorgung mit Natur-Uranium aus [24]. Eine von der Nuclear Energy Agency und der IAEA veröffentlichte Prognose weist aus, daß praktisch unabhängig von der gewählten Reaktorstrategie die Uraniumreserven der Kostenklasse bis 80 $/kg U für die nächsten 30–35 Jahre reichen werden. In den letzten 20 Jahren lag das Angebot an Natur-Uranium ständig über dem tatsächlichen Bedarf der Kernkraftwerke, so daß man zur Zeit einen Lagerbestand von ca. 200000 t Uranium in der westlichen Welt schätzt. Entsprechend ist der Preis von 43 $/lb. U_3O_8 Ende der 70er Jahre auf unter 201 $/lb.$U_3O_8$ Mitte 1984 gefallen.

^{235}U-Verbrennung in Kernkraftwerken

Mit ^{235}U angereichertes Uranium ist der Kernbrennstoff der Kernkraftwerke zur Elektroenergieerzeugung, wobei sich UO_2-Keramik als günstigste chemische Form durchgesetzt hat. Der Trend geht zu immer größeren Reaktorleistungen, was zwangsläufig auch eine Erhöhung der Anfangsanreicherung an ^{235}U (bei etwa gleichem Umladezyklus) im Kernbrennstoff zur Folge hat. So bedeutet dies im RGW-Bereich beim Übergang vom DWR-Typ WWER-440 zum WWER-1000 eine Steigerung der Anreicherung der zuzuladenden Frischkassetten von 3,6% auf 4,4% [26].

Im Kernreaktor brennt das ^{235}U weitestgehend ab, wobei aus ökonomischen Gründen ein möglichst hoher Abbrand angestrebt wird. Die Isotopenzusammensetzung des Uraniums bei verschiedenen Abbränden im Druckwasserreaktor WWER-440 zeigt Tab. 3 [27]. Aus den Werten der Tabelle geht hervor, daß ausgehend von einer Anreicherung von 3,6% ein Abbrennen bis nahezu zum Gehalt des natürlichen Uraniums erfolgt. Das eingesetzte ^{235}U wird also zu 2/3 für die Energieerzeugung genutzt, während das ^{238}U nur minimal (~2%) ,,verbrennt".

Die Bedeutung des ^{235}U, das vor 50 Jahren entdeckt wurde, kann man so charakterisieren, daß die Kernenergetik der 2. Hälfte des 20. Jahrhunderts durch das Isotop ^{235}U geprägt wurde und wird.

Eingegangen am 28. 11. 1984

Literatur

[1] *H. McCoy, W. Ross*, Phys. Rev. **24** (1907) 124
[2] *A. Piccard*, Arch. Science phys. et nat. Geneve **44** (1917) 161
[3] *E. Rutherford*, Nature **123** (1929) 313
[4] *V. V. Čerdyncev*, ,,Verbreitung der chemischen Elemente,, [russ.], Moskau 1956
[5] *W. Wien*, Ann. Phys. **65** (1898) 440
[6] *J. J. Thomson*, Philos. Mag. **20** (1910) 752
[7] *F. W. Aston*, Philos. Mag. **38** (1919) 707
[8] *F. W. Aston*, Nature **128** (1931) 725
[9] *H. Birkenfeld, G. Haase, H. Zahn*, ,,Massenspektrometrische Isotopenanalyse", Berlin, 1969
[10] *A. J. Dempster*, Proc. Amer. Phil. Soc. **75** (1935) 755
[11] *A. Nier*, Phys. Rev. **55** (1939) 150
[12] *A. O. Nier, E. T. Booth, J. R. Dunning, A. V. Grosse*, Phys. Rev. **57** (1940) 546, 748
[13] *V. V. Čerdyncev*, ,,Uran-234" [russ.], Moskau 1969
[14] *N. Bohr, J. A. Wheeler*, Phys. Rev. **56** (1939) 426, 1065
[15] *F. Senfile, L. Steft, F. Cuttitta, P. Kuroda*, Geochim. et cosmochim. acta **11** (1957) 189
[16] *A. Hamer, E. Robbins*, Geochim. et cosmochim. acta **19** (1960) 143
[17] *L. Smith*, Union Carbide Nucl. Comp., Report K-1462 (1961)

[18] *R. Bodu, H. Bouzigues, N. Morin, J. P. Pfiffelmann*, C. R. Acad. Sci. Paris, Ser. D **275** (1972) 1731
[19] *R. Naudet, C. Renson*, IAEA – TC – 119/4 (1977)
[20] *M. Neuilly, J. Bussac, C. Frejacques, G. Nief, G. Vendryes, J. Yvon*, C. R. Acad. Sci. Paris, D **275** (1972) 1847
[21] *G. A. Cowan*, Scient. American **235** (1976) H. 1, 36
[22] *K. P. Messer*, Atomwirtschaft **29** (1984) 422
[23] *F. Joliot-Curie, H. Halban, L. Kowarski*, Nature **143** (1939) 470, 680
[24] *K.-E. Kegel*, Atomwirtschaft **29** (1984) 426
[25] *H. Mohrhauer*, Atomwirtschaft **29** (1984) 430
[26] *F. Ya. Ovčinnikov* u. a. „Exploitationsregimes in energetischen Wasser-Wasser-Kernreaktoren" [*russ.*] Atomisdat, Moskau 1977
[27] *A. Hermann, H. Stephan, U. Niese, S. Hübener, S. Niese*, Isotopenpraxis, im Druck

Isotopenpraxis **21** (1985) 7, S. 240 bis 243

Originalarbeiten

Zustand von Uranylionen in Wasser-Dioxan-Lösungsmittelgemischen

G. Geipel, D. Nebel, L. Baraniak

(Zentralinstitut für Kernforschung Rossendorf)[1]

Der Vergleich der Spektren von Uranylionen in stark HCl- bzw. dioxanhaltigen Lösungen führt zu der Schlußfolgerung, daß Dioxan die Komplexbildung verstärkt. Die Untersuchung der Spektren ergab, daß bei Berücksichtigung der Hydrolyse des Uranylions in dioxanhaltigen Lösungen zwei aufeinanderfolgende Gleichgewichtsreaktionen auftreten. Die zugehörigen Bildungskonstanten wurden bestimmt. Leitfähigkeitsmessungen bestätigen die spektrophotometrisch ermittelten Gleichgewichte. Der Einbau von Dioxan in die Solvathülle des Uranylions kann bis zur Konzentration von 60% Dioxan in der Lösung ausgeschlossen werden.

A comparison of spectra of uranylions in HCl- and dioxane-solutions leads to the conclusion, that dioxane increases complex formation. The investigation of these spectra has shown the occurance of two complex equilibria regarding the formation of chlorocomplexes beside any hydrolytic effects. The formation constants were determined. Measurements of conductance confirm the spectrophotometric derived equilibria. The replacement of water by dioxane in the inner solvation sphere of uranylions can be excluded up to about 60 % dioxane.

Keywords

complexes; conductometry; dioxane; solvatation; spectrophotometry; uranyl complexes

In einer Veröffentlichung zum Verhalten des Uranylions in Wasser-Dioxan-Lösungsmittelgemischen wird über die Hydrolyse des UO_2^{++} berichtet [1]. Neben dieser relativ schwachen Hydrolyse konnte durch den Vergleich der Spektren in HCl- bzw. dioxanhaltigen Lösungen gezeigt werden, daß die Komplexbildung eine erhebliche Rolle spielt.

Im Bereich 400 nm bis 500 nm hat das Uranylion eine breite Absorptionsbande, die durch mehrere Nebenbanden strukturiert ist. In diesem Spektralbereich wurden die Untersuchungen zum spektralphotomentrischen Verhalten des Uranylions durchgeführt.

In Abb. 1 ist das Spektrum des Uranylions dargestellt, wenn der Lösung steigende Mengen an NaOH zugesetzt werden. Die Extinktion dieser Lösungen nimmt dabei ständig zu, die einzelnen Banden des Spektrums sind jedoch wenig ausgeprägt. Abb. 2 zeigt das Spektrum einer gleichkonzentrierten Uranylchloridlösung, der steigende Mengen HCl zugesetzt wurden. Auch hier nimmt die Extinktion der Lösung wieder zu; aber hier bilden sich die einzelnen Banden besser aus. Besonders deutlich wird dies oberhalb 450 nm. Nach *Ader, Hildebrandt* und *Kaplan* [2] entspricht dieser Ausbildung der Banden die Komplexbildung des Uranylions.

In Abb. 3 wird das Spektrum von Uranylchloridlösungen gezeigt, wenn den Lösungen anstelle von HCl Dioxan zugesetzt wird. Auch hier nimmt die Extinktion mit steigendem Gehalt an Dioxan zu. Vergleicht man die Spektren der Abb. 2 und 3 miteinander, so liegt der Schluß nahe, daß in beiden Fällen gleiche Erscheinungsformen der Spezies in der Lösung vorhanden sind.

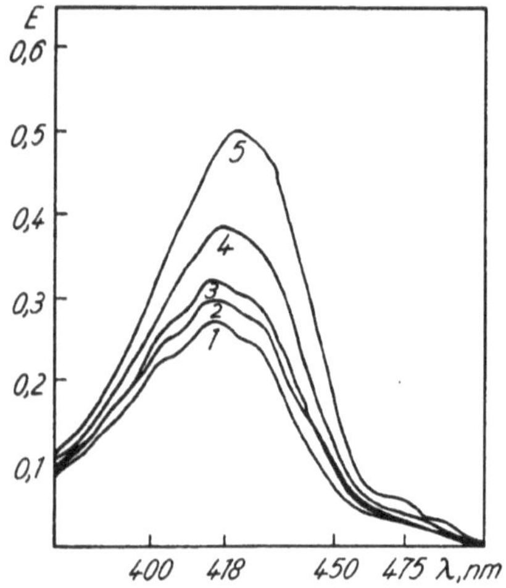

Abb. 1. Spektren von UO_2Cl_2 mit steigender Konzentration an NaOH
1 – ohne NaOH; 2 – $1 \cdot 10^{-3}$ M NaOH; 3 – $2 \cdot 10^{-3}$ M NaOH; 4 – $5 \cdot 10^{-3}$ M NaOH; 5 – $1 \cdot 10^{-2}$ M NaOH

Zur genaueren Untersuchung der Spektren des Uranylchlorids wurden einer 0,0346 molaren Lösung, die 0,005 M an HCl war, steigende Mengen an Dioxan zugesetzt. In Tab. 1 sind die ermittelten Extinktionskoeffizienten dieser Lösungen bei einer Wellenlänge von $\lambda = 418$ nm in Ab-

[1]) Anschrift: 8051 Dresden, PSF 19

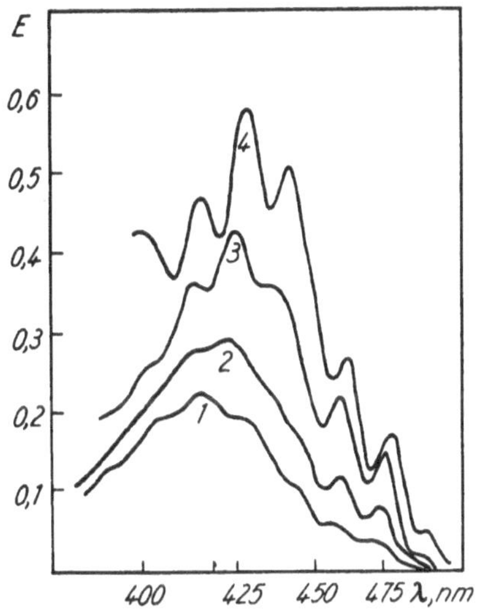

Abb. 2. Spektren von UO_2Cl_2 in HCl
1 – 1,0 M HCl; 2 – 2,5 M HCl; 3 – 5,0 M HCl; 4 – 10,0 M HCl

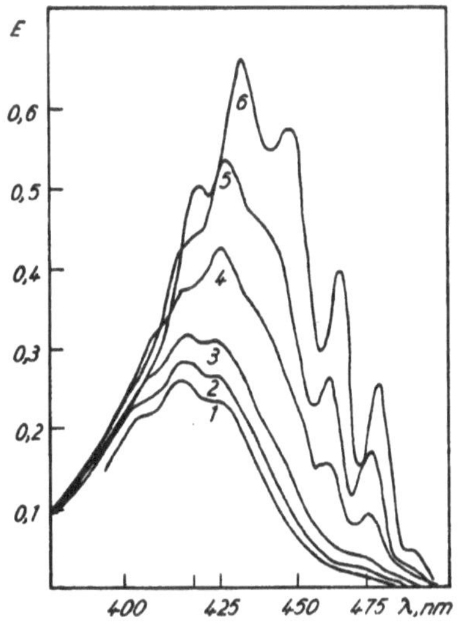

Abb. 3. Spektren von UO_2Cl_2 in Wasser-Dioxan-Mischungen
1 – ohne Dioxan; 2 – 20% Dioxan; 3 – 40% Dioxan; 5 – 80% Dioxan; 6 – 90% Dioxan

hängigkeit vom Dioxangehalt der Lösung zusammengestellt.

Tab. 1. Extinktionskoeffizienten einer 0,0346 Molaren Uranylchloridlösung bei verschiedenen Dioxangehalten

% Dioxan	ε_s (418 nm)	% Dioxan	ε_s (418 nm)
0	8,495	55	13,18
5	8,72	60	14,30
10	8,94	65	15,28
15	9,13	70	16,12
20	9,42	75	16,78
25	9,67	80	17,34
30	9,86	85	17,73
35	10,36	90	18,10
40	10,93	95	18,37
45	11,57	100	18,58 (extrapoliert)
50	12,26		

Der Komplexbildung können folgende Gleichgewichtsreaktionen zugrundegelegt werden:

$$UO_2(H_2O)_x^{++} + Cl(H_2O)_y^- \rightleftarrows UO_2Cl(H_2O)^+_{x+y-w} + w\,H_2O \quad (1)$$

$$UO_2Cl(H_2O)^+_{x+y-w} + Cl(H_2O)_y^- \rightleftarrows UO_2Cl_2(H_2O)_{x+2y-z} + (z-w)\,H_2O \quad (2)$$

Im untersuchten Fall sind in der Lösung zusätzliche Chloridionen in nennenswerter Konzentration nicht vorhanden, so daß weitere Gleichgewichtsreaktionen wenig wahrscheinlich sind.

Nach dem MWG können die Gleichgewichtskonstanten berechnet werden. Da die Zahl der freigesetzten Wassermoleküle zunächst nicht bekannt ist, führen wir analog den Berechnungen der Hydrolysenkonstante die von der Wasserkonzentration der Lösung abhängige Gleichgewichtskonstante K^* ein.

$$K_1^* = \frac{K_1}{[H_2O]^w} = \frac{[UO_2Cl(H_2O)^+_{x+y-w}]}{[UO_2(H_2O)_x^{++}]\,[Cl(H_2O)_y^-]} \quad (3)$$

$$K_2^* = \frac{K_2}{[H_2O]^{(z-w)}} = \frac{[UO_2Cl_2(H_2O)_{x+2y-z}]}{[UO_2Cl(H_2O)^+_{x+y-w}]\,[Cl(H_2O)_y^-]} \quad (4)$$

Für die Extinktion der Lösung und die Gesamtkonzentration an Uranylspezies darin gilt:[2])

$$E = \varepsilon_{UO_2(OH)^+} \cdot [UO_2(OH)] + \varepsilon_{UO_2^{++}} \cdot [UO_2^{++}] + \varepsilon_{UO_2Cl^+} \cdot [UO_2Cl^+] + \varepsilon_{UO_2Cl_2} \cdot [UO_2Cl] \quad (5)$$

$$C_{ges} = [UO_2(OH)^+] = [UO_2^{++}] = [UO_2Cl^+] + + [UO_2Cl_2] \quad (6)$$

Zunächst wird mit Hilfe des bekannten Hydrolysegleichgewichtes die Konzentration des $UO_2(OH)^+$ und der Extinktionsanteil des Hydrolyseproduktes bei einer Wellenlänge von $\lambda = 418$ nm berechnet und von den Ausgangswerten abgezogen. Man erhält zur Berechnung der Konzentration des Hydrolyseproduktes die quadratische Gleichung:

$$[UO_2(OH)^+]^2 + (f_\pm \cdot c_{HCl} + K_H^*)\,([UO_2(OH)^+]) - K_H^* \cdot C_{ges} \cdot \alpha = 0 \quad (7)$$

Mit den von *Harned* und *Owen* [3] tabellierten Werten für dieAktivitätskoeffizienten von HCl und der Konzentration an zugesetzter HCl ($c_{HCl} = 0{,}005$ Mol/l), der Gesamtkonzentration an Uranylionen ($C_{ges} = 0{,}0346$ Mol/l) und dem bereits berechneten Dissoziationsgrad α [1] erhält man die Konzentration an $UO_2(OH)^+$ und damit die Extinktion des Hydrolyseproduktes ($\varepsilon_{UO_2(OH)^+} \approx 120$) bei 418 nm. Diese werden von den Ausgangsgleichungen abgezogen.

$$E_{korr} = E - \varepsilon_{UO_2(OH)^+}[UO_2(OH)^+] \quad (8)$$

$$C_{korr} = C_{ges} - [UO_2(OH)^+] \quad (9)$$

Die Konzentration des undissoziierten UO_2Cl_2 in der Lösung berechneten wir aus der Extinktionsänderung der Banden des Uranylions bei 455 nm und 470 nm. Die Extinktion dieser Banden in wäßriger Lösung ist relativ gering und wird durch den Zusatz von Dioxan stark erhöht, wobei angenommen werden muß, daß diese Änderung durch die Bildung von UO_2Cl_2 verursacht wird. Unter der Voraussetzung, daß in reiner Dioxanlösung nur UO_2Cl_2

[2]) In den Gleichungen (5) und (6) sowie in den folgenden wird zur Vereinfachung das in der Solvathülle gebundene Wasser nicht mehr mit aufgeführt.

vorliegt, ergeben sich aus der Extrapolation der Extinktionswerte auf reine Dioxanlösung die Extinktionskoeffizienten des UO_2Cl_2 zu $\varepsilon_{470} = 13{,}45$ und $\varepsilon_{455} = 18{,}6$. Da auch die wäßrige Lösung bei diesen Wellenlängen schwach absorbiert, wird die hier durch UO_2^{++} und UO_2Cl^+ verursachte Extinktion in geeigneter Weise in Abzug gebracht. Die Konzentration an UO_2Cl_2 ergibt sich als Mittelwert aus den bei den beiden Banden erhaltenen Konzentrationen. Mit dem bekannten Extinktionskoeffizienten von UO_2Cl_2 bei 418 nm ($\varepsilon_{UO_2Cl_2} = 18{,}58$) berechnet man den Extinktionsanteil des UO_2Cl_2. Nach Abzug von den korrigierten Extinktions- und Konzentrationswerten erhält man:

$$E_{rest} = E_{korr} - \varepsilon_{UO_2Cl_2}[UO_2Cl_2]$$
$$= \varepsilon_{UO_2^{++}}[UO_2^{++}] + \varepsilon_{UO_2Cl^+} - [UO_2Cl^+] \qquad (10)$$
$$C_{rest} = C_{korr} - [UO_3Cl_2] = [UO_2^{++}] + [UO_2Cl^+] \qquad (11)$$

Mit diesen beiden Gleichungen kann die Konzentration der beiden Komponenten berechnet werden. Der Extinktionskoeffizient von UO_2^{++} beträgt $\varepsilon_{UO_2^{++}} = 6{,}52$ und wurde aus der Extrapolation der Extinktion in stark HCl-haltigen, wäßrigen Lösungen auf eine HCl-Konzentration $c_{HCl} = 0$ erhalten. Der Extinktionskoeffizient von UO_2Cl^+ ist das arithmetische Mittel der Extinktionskoeffizienten von UO_2^{++} und UO_2Cl_2, da keine anderen Daten zur Bestimmung dieses Extinktionskoeffizienten zur Verfügung stehen. Er beträgt $\varepsilon_{UO_2Cl^+} \approx 12{,}6$. Die Konzentration der Chloridionen in der Lösung ergibt sich nach

$$Cl^- = 2\,[UO_2^{++} + [UO_2Cl^+]$$
$$+ 2\,[UO_2(OH)^+] + f_\pm \cdot c_{HCl} \qquad (12)$$

In Tab. 2 sind die berechneten Gleichgewichtskonstanten angegeben. Wie die zugehörige Abb. 4 zeigt, ist der Wert $\lg K_1^*$ (bzw. $\lg K_2^*$) linear vom Logarithmus der Wasserkonzentration abhängig. Der Anstieg der Geraden beträgt jeweils $-3{,}0$. Das bedeutet, daß bei den eingangs genannten Komplexbildungsgleichgewichten (1) und (2) jeweils 3 Wassermoleküle aus der Solvathülle bei Anlagerung eines Chloridions abgegeben werden.

Tab. 2. Gleichgewichtskonstanten für die Komplexbildung des Uranylions mit Chlorid

% Dioxan	$\lg H_2O$	$\lg K_1^*$	$\lg K_2^*$	$\lg K^*$	$\lg K_\lambda^*$
0	1,74	0,82			0,19
5	1,72	0,87	−0,29	0,58	
10	1,70	0,88	0,17	1,05	0,55
15	1,67	0,92	0,27	1,19	
20	1,65	0,98	0,39	1,37	0,89
25	1,62	1,03	0,48	1,51	
30	1,59	1,03	0,60	1,63	1,16
35	1,56	1,14	0,69	1,82	
40	1,52	1,24	0,80	2,04	1,44
45	1,49	1,36	0,93	2,29	
50	1,44	1,46	1,08	2,54	1,63
55	1,40	1,64	1,23	2,87	
60	1,35	1,97	1,38	3,35	2,72
65	1,29	2,26	1,58	3,84	
70	1,22	2,62	1,76	4,39	
75	1,14	2,83	1,99	4,82	
80	1,04	2,48	2,29	4,77	
85	0,92	3,06	2,68	5,74	
90	0,74	(1,87)	3,15	(5,02)	

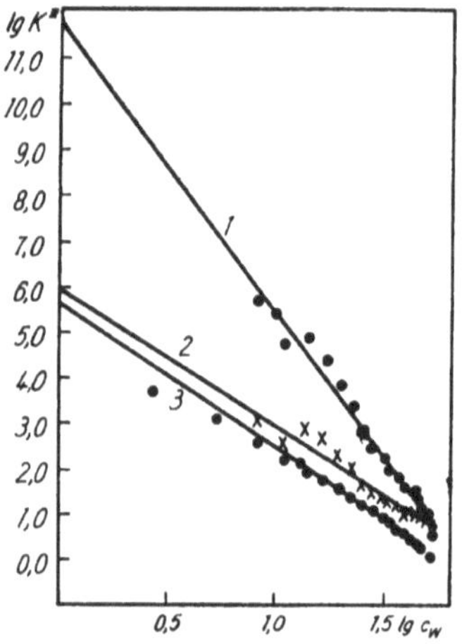

Abb. 4. Spektrophotometrisch bestimmte Komplexbildungskonstanten von Uranylchlorid

1 – $\lg K^*$; 2 – $\lg K_1^*$; 3 – $\lg K_2^*$

Die Regressionsrechnung liefert für $\lg [H_2O] = 0$ die zugehörigen Gesamtgleichgewichtskonstanten

$$\lg K_1 = 6{,}0 \pm 0{,}3$$
$$\lg K_2 = 5{,}8 \pm 0{,}2$$

Die erhaltenen Gleichgewichtskonstanten wurden mit einer zweiten Methode auf ihre prinzipielle Richtigkeit überprüft. Dazu wurden Leitfähigkeitsmessungen an Uranylchlorid herangezogen. Hier mußten die durch die Hydrolyse entstehenden H^+-Ionen auf Grund ihrer hohen Ionenbeweglichkeit berücksichtigt werden.

$$[H^+] = \sqrt{K_H^* \cdot \alpha \cdot C_{ges}} \qquad (13)$$

Ihr Leitfähigkeitsanteil wurde mit Hilfe der berechneten H^+-Ionen-Konzentration ermittelt. Die benötigten A-Parameter und Aktivitätskoeffizienten für HCl sind bei *Harned* und *Owen* tabelliert [3]

$$\Delta\Lambda_{H^+} = A \cdot \sqrt{[H^+] \cdot f_\pm} \qquad (14)$$
$$\Lambda_{Korr} = \Lambda_{Meß} - \Delta\Lambda_{H^+} \qquad (15)$$

Mit Hilfe des bei *Marx* und *Bischoff* [4] angegebenen Wertes für die Äquivalentleitfähigkeit bei unendlicher Verdünnung

$$\Lambda_0 = 133{,}5\ cm^2 \cdot \Omega^{-1} \cdot val^{-1}$$

lassen sich nach dem Verfahren von *Fuoss* und *Kraus* [4–6] Assoziationskonstanten berechnen. Diese stellen im Prinzip die Komplexkonstanten für den Gesamtprozeß (1) und (2) dar. In Tab. 2 sind die ermittelten Werte mit angegeben. Die graphische Darstellung $\lg K_\lambda^* = f(\lg [H_2O])$ ergibt ebenfalls eine Gerade (Abb. 5). Aus der Ausgleichsrechnung erhält man den Anstieg zu $-6{,}2 \pm 0{,}8$ und die Gesamtkonstante zu

$$\lg K_\lambda = 10{,}9 \pm 1{,}2$$

Diese beiden Werte stimmen innerhalb der Fehlergrenzen recht gut mit denen aus den spektrophotometrischen Untersuchungen überein, so daß die gewählten Gleichgewichtsreaktionen die Vorgänge in der Lösung tatsächlich widerspiegeln.

Abb. 6 gibt einen Überblick über die Konzentrationsverhältnisse in einer 0,0346 molaren Uranylchloridlösung. Die Konzentration an Uranylionen in der Lösung nimmt mit steigender Dioxankonzentration ständig ab. Das Maximum bei 85–90% Dioxan soll hierbei unberücksichtigt bleiben. Demgegenüber nimmt die Konzentration des

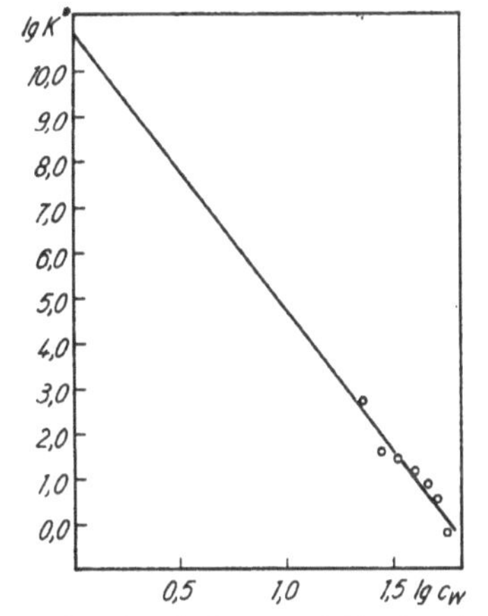

Abb. 5. Abhängigkeit der Assoziationskonstanten aus Leitfähigkeitsdaten

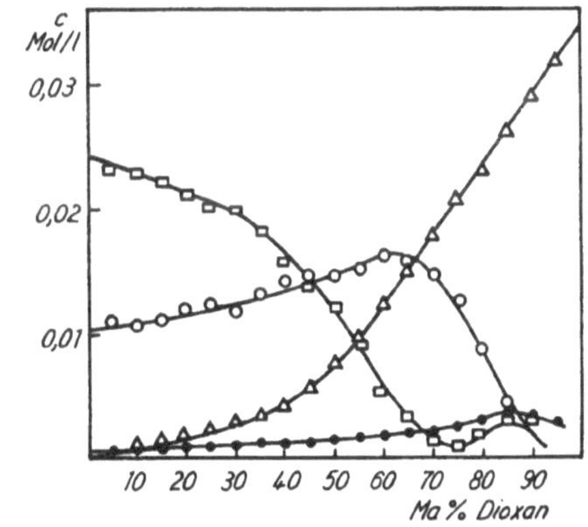

Abb. 6. Abhängigkeit der Konzentration der Uranylspezies von der Dioxankonzentration

□ – $[UO_2^{++}]$; ○ – $[UO_2Cl^+]$; △ – $[UO_2Cl_2]$; ● – $[UO_2(OH)^+] \times 10$

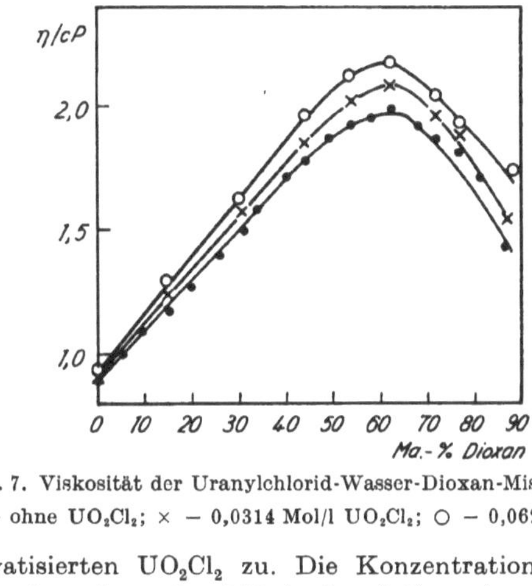

Abb. 7. Viskosität der Uranylchlorid-Wasser-Dioxan-Mischungen

● – ohne UO_2Cl_2; × – 0,0314 Mol/l UO_2Cl_2; ○ – 0,0628 Mol/l UO_2Cl_2

solvatisierten UO_2Cl_2 zu. Die Konzentration des Monochlorokomplexes durchläuft ein relativ gering ausgeprägtes Maximum bei etwa 60% Dioxan und nimmt oberhalb dieser Konzentration an organischer Lösungsmittelkomponente stetig ab. Im Vergleich zu den Konzentrationen dieser Spezies in der Lösung, ist die Konzentration der hydrolysierten Uranylionen relativ gering (etwa eine Größenordnung weniger). Sie ist auch ziemlich gleichbleibend. Auf Grund des sehr hohen Extinktionskoeffizienten dieses Teilchens ist der Einfluß auf das Spektrum des Uranylions jedoch nicht zu vernachlässigen.

Da bei den Hydrolyse- und Komplexbildungsgleichgewichten Wassermoleküle aus der Solvathülle des Uranylions bei Anlagerung von Anionen abgegeben werden, entsteht die Frage, ob nicht Dioxanmoleküle in die Solvathülle eingebaut werden können. Da die Dioxanmolekel relativ groß gegenüber den Wassermolekeln bzw. den Anionen in der Lösung ist, sollte sich der Einbau von Dioxan in die Solvathülle in einer starken Veränderung des Radius des solvatisierten Uranylions bemerkbar machen.

Zur Berechnung dieser Radien wurden Vikositäts- und Leitfähigkeitsmessungen herangezogen.

In Abb. 7 sind die Viskositäten von Wasser-Dioxan-Mischungen dargestellt. Diese durchlaufen bei 60% ein Maximum, welches auch in der Abhängigkeit der Dichte auftritt. Unter Annahme eines konstanten Radius des solvatisierten Uranylions würde dies ein Minimum der Ionenbeweglichkeit bedeuten.

Mit Hilfe des Verfahrens von *Fuoss* und *Krauß* [5–7] bzw. durch Extrapolation nach dem *Kohlrausch*schen Quadratwurzelgesetz erhält man aus diesen die Äquivalentleitfähigkeiten bei unendlicher Verdünnung. Unter Annahme einer konstanten, von der Dioxankonzentration der Lösung unabhängigen Kationenüberführungszahl lassen sich die Ionenbeweglichkeiten berechnen

$$l_{i\infty} = \Lambda_\infty \cdot t_+ \qquad (16)$$

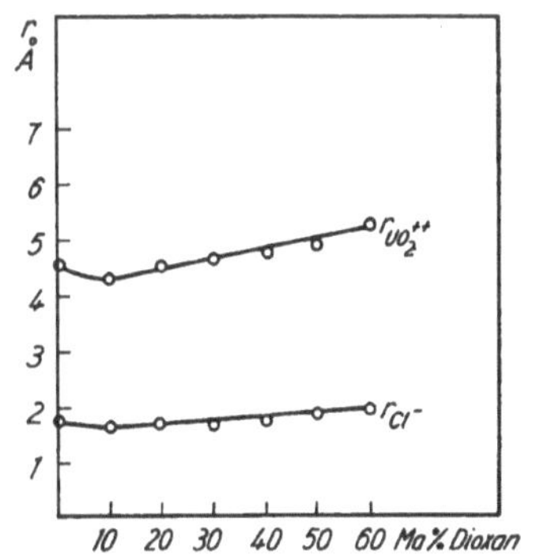

Abb. 8. Berechnete Radien von UO_2^{++} und Cl^- obere Kurve $r_{UO_2^{++}}$; untere Kurve r_{Cl^-}

Aus diesen Ionenbeweglichkeiten erhält man den Radius der solvatisierten Ionen nach dem *Stockes*schen Gesetz

$$r_i = \frac{10^7 \cdot [Z_x] \cdot e^0 \cdot F}{6\pi \cdot \eta \cdot l_{x\infty} \cdot 10^3} \qquad (17)$$

Diesem Gesetz liegt die Annahme kugelförmiger Teilchen zugrunde. In Abb. 8 sind die berechneten Radien des Uranylions dargestellt. Diese durchlaufen ein geringes Minimum, bedingt durch die Gegenläufigkeit der Abhängigkeit von Viskosität und Grenzionenbeweglichkeit von der Dioxankonzentration. Die Gesamtzunahme des Radius des Uranylions ist in Dioxan-Wasser-Lösungsmittelgemischen relativ gering. Bis 60% beträgt die Zunahme maximal 0,1 nm. Diese Zunahme wird durch den Einbau der Chloridionen in die Koordinationssphäre des Uranylions bedingt. Der Einbau von Dioxan in die Solvathülle kann auf Grund dessen bis zu diesem Dioxangehalt ausgeschlossen werden.

Eingegangen am 30. 7. 1984
überarbeitete Fassung am 29. 1. 1985

Literatur

[1] *G. Geipel, D. Nebel*, Isotopenpraxis **21** (1985) 253
[2] *L. Kaplan, R. Hildebrandt, A. Ader*, Report ANL 4521
[3] *H. S. Harned, B. B. Owen*, The Physical Chemistry of Electrolytic Solutions New York, Reinh. Publ. Corp. 1958
[4] *G. Marx, H. Bischoff*, J. Radioanal. Chem. **30** (1976) 567
[5] *R. M. Fuoss, C. A. Kraus*, J. Amer. Chem. Soc. **55** (1933) 476, 2390
[6] *R. M. Fuoss*, J. Amer. Chem. Soc. **57** (1935) 488, 2604
[7] *R. M. Fuoss*, Trans. Far. Soc. **32** (1936) 594

Isotopenpraxis 21 (1985) 7, S. 244 bis 246

Comparative Study on the Behaviour of Alumina/Chromia-Promoted Nickel Catalysts in the Liquid and Vapour Phase Reactions

F. Abou El-Nour[1]), *M. Abdel-Khalik*[2]), *H. A. Hassan*[2], *A. I. M. Aly*

(Nuclear Chemistry Department, Nuclear Research Center, Atomic Energy Establishment, Cairo, Egypt)

The specific activity of nickel catalysts promoted with alumina/chromia-mixtures for the isotopic exchange of deuterium between hydrogen and water vapour decreases to a great extent due to water condensation on its surface. To overcome this difficulty, it is essential to search for a catalyst of high activity in both liquid and vapour phases. The isotopic exchange reaction was used as a test reaction in the vapour phase, while the thermal decomposition of hydrogen peroxide was chosen as a simple test reaction in the liquid phase. Activity measurements in both liquid and vapour phases indicate that the catalyst composed of 85 mol% Ni/10 mol% Al_2O_3/5 mol% Cr_2O_3 exihibits maximum activity on both phases.

Die spezifische Aktivität von für den Isotopenaustausch zwischen Wasserstoff und Wasserdampf mit Tonerde-Chromake-Gemischen beschleunigten Nickelkatalysatoren sinkt infolge der Wasserkondensation auf ihren Oberflächen weitgehend ab. Zur Überwindung dieser Schwierigkeit ist es wichtig, einen Katalysator mit hoher Aktivität sowohl in der Flüssigkeits- als auch in der Dampfphase zu finden. Die Isotopenaustauschreaktion wurde als Testreaktion in der Dampfphase benutzt, während die thermische Dissoziation von Wasserstoffperoxid als einfache Testreaktion in der Flüssigkeitsphase gewählt wurde. Aktivitätsmessungen in der Flüssigkeits- und in der Dampfphase weisen darauf hin, daß der Katalysator, der aus 85 mol% Ni/10 mol% Al_2O_3/5 mol% Cr_2O_3 besteht, in beiden Phasen maximale Aktivität entwickelt.

Keywords

Arrhenius equation; catalysts; chemical reaction kinetics; deuterium; hydrogen isotopes; isotopic exchange

1. Introduction

Nickel catalysts promoted with different metal oxides were prepared in our laboratory to improve their properties and to obtain the most active to be used for the isotopic exchange of deuterium between hydrogen and water vapour of the type [1–4]:

$$H_2 + HDO_{vap} \rightleftharpoons HD + H_2O_{vap}$$

This reaction is one of the main reactions used to produce heavy water by chemical exchange [5]. The experimental verification of such reaction is performed using an exchange apparatus described elsewhere [4]. It is composed of a saturator, which contains the reactants, and the reaction chamber, in which the isotopic exchange reaction takes place on the surface of the catalyst. The temperature of the reaction chamber must be higher than that of the saturator to prevent condensation of water on the surface of the catalyst, leading to a consequent decrease in its activity. Reactivation of the deactivated catalyst could be done by heating for several hours at 160 °C in hydrogen atmosphere [6].

Additional informations about the behaviour of this type of catalysts in the liquid phase reactions are required to obtain the composition of the resonance catalyst of high activity in both liquid and vapour phases. Because of the difficulty of carrying the isotopic exchange reaction between hydrogen and liquid water, the thermal decomposition of hydrogen peroxide was chosen as a simple test reaction in the liquid phase.

[1]) Address of Correspondence: Atomic Energy Post Office, Cairo, Egypt.

[2]) Chemistry Department, Faculty of Science, Ain Shams University, Cairo.

2. Experimental

2.1. Catalyst preparation

Nickel catalysts promoted with alumina/chromia-mixtures were prepared from the corresponding metal nitrates. Coprecipitation of the metal carbonate mixtures was made at room temperature. The precipitant has been washed with distilled water several times, dried at 110 °C and sieved to pass 0·4 to 0·2 mm Φ. Calcination of the mixed carbonates was performed at 350 °C, while their reduction was made at 320 °C. The method of preparation of the catalysts was described in details elsewhere [7]. Reactivation of the catalyst was carried out in hydrogen atmosphere at 160 °C directly before use.

2.2. Activity measurements

The decomposition rate of hydrogen peroxide was evaluated by following the pressure change due to oxygen evolved from a conventional constant volume reactor. 25 ml of 0·2 N H_2O_2 solution were introduced into a reactor containing about 100 mg of the catalyst at constant temperature. The speed of stirring was chosen as to provide a state in which true reaction rate was obtained and not the diffusion controlled one. The reaction was carried out in the temperature range between 30–50 °C.

The specific catalytic activity in the liquid phase was calculated from the equation [8]:

$$a_{sp.} = 9 \times 10^{17} \times \frac{V_{O_2}}{t_{1/2}} \times \frac{1}{w} \text{ moles } H_2O_2/\text{s.g.} \quad (1)$$

where V_{O_2} is the volume of oxygen evolved at time $t_{1/2}$ and w is the weight of the catalyst used.

Mitteilungen / Information

IAEA: INTERNATIONALE BERATUNGSGRUPPE FUER NUKLEARE SICHERHEIT

Die Internationale Beratungsgruppe fuer Nukleare Sicherheit veranstaltete ihre erste Tagung im Amtssitz der IAEA vom 11. bis 13.3.1985. Die Gruppe setzt sich aus 13 prominenten Experten aus Lizenzbehoerden fuer nukleare Sicherheit, aus der Kernenergieindustrie und Sicherheitsforschung und -entwicklung der Organisation fuer Wirtschaftliche Zusammenarbeit und Entwicklung (OECD), dem Rat fuer Gegenseitige Wirtschaftshilfe (RGW) und Entwicklungslaendern zusammen. Der Generaldirektor der IAEA betonte bei der Eroeffnung der Tagung, dass die Gruppe ein Forum fuer den Austausch wichtiger Informationen auf dem Gebiet der nuklearen Sicherheit bieten wird und dabei behilflich sein wird, wichtige, aktuelle Sicherheitsfragen zu behandeln. Sie wird jedoch weder Sicherheitsnormen erstellen noch Kontrolltaetigkeiten ausfuehren. Die Mitglieder der Internationalen Beratungsgruppe unterstrichen besondere Tendenzen der nuklearen Sicherheit im bezug auf Kontrolle, Industrie und Forschung in ihren Laendern. Verschiedene Themen, die wichtige Fragen der Sicherheit beinhalten und bei denen Rat von seiten der Internationalen Beratergruppe fuer die nukleare Gemeinschaft praktischen Wert darstellen koennte, wurden in der darauffolgenden Diskussion herausgearbeitet. Aus ihnen waehlte die Gruppe drei Themen, Ursprungsbegriff, Information ueber Vorfaelle und den menschlichen Faktor als erste Themen fuer die weitere Arbeit. Folgende Mitglieder nahmen Teil an der ersten Tagung: Herr Lepecki, Brasilien; Dr. H. Rabold, DDR; Prof. Birkhofer, BRD; Dr. Vuorinen, Finnland; (Vorsitzender); Herr P. Tanguy, Frankreich; Herr Veeraraghavan, Indien; Herr Nozawa, Japan; Dr. Meneley, Kanada; Dr. Chung, Republik Korea; Dr. Kouts, USA; Herr Edmondson, UK; Dr. Chuanzeng, VR China. Die naechste Tagung der Gruppe wurde fuer den Zeitraum vom 7. bis 9.10.1985 festgelegt. (IAEA-Pressekommunique (1985)6)

USA: 13,5% ATOMSTROM-ANTEIL

In den VereinigtenStaaten hat die Produktion von Atomstrom im Jahre 1984 gegenueber dem Vorjahr um 10,7% zugenommen, waehrend die gesamte Elektrizitaetserzeugung im Vergleich zu 1983 eine Steigerung um 4,5% zu verzeichnen hatte. Mit einer Produktion von 325 Mia kWh trugen die Kernkraftwerke 13,5% zur Gesamtelektrizitaetserzeugung der USA bei. 1983 belief sich dieser Anteil auf 12,7%. (SVA-Bulletin (1985) 6, S. 7)

Kurznachrichten / Newlets

Kernenergie:
BELGIEN 1984: ATOMSTROMANTEIL 51%

Die Kernkraftwerke Doel-1, -2 und -3 sowie Tihange-1 und -2 in Belgien erzeugten 1984 insgesamt 26,4 Mia kWh Strom. Dies entspricht 50,7% des im vergangenen Jahr auf belgischem Boden produzierten Stroms. Beruecksichtigt man die 50%ige franzoesische Beteiligung am 880-MW-Block Tihange-1 einerseits und die 50%ige belgische Beteiligung am 270-MW-Kernkraftwerk Chooz in Frankreich andererseits, so belaeuft sich die Jahresstromerzeugung 1984 der in belgischer Hand befindlichen Kernkraftwerke auf 24,1 Mia kWh, was 48,5% der Landesstromproduktion entspricht. (SVA-Bulletin (1985)5, S. 8)

Kernenergie:
SPANIENS ATOMSTROMPRODUKTION 1984 MEHR ALS VERDOPPELT

In Spanien wurden im vergangenen Jahr rund 120 Mio kWh Strom erzeugt. Dies entspricht einer Steigerung von 2,4% gegenueber 1983. Die Kernkraftwerke trugen zur Landesstromerzeugung 1984 rund 23 Mio kWh bei. Damit erreichte der Atomstromanteil in Spanien im vergangenen Jahr 19,2%. Die Jahresproduktion der spanischen Kernkraftwerke lag 1984 um 116,4% hoeher als im Vorjahr. Die Verdoppelung der Atomstromproduktion widerspiegelt das kraeftige Wachstum des spanischen Nuklearparks. (SVA-Bulletin (1985) 5, S. 9)

Umweltradioaktivitaet:
NATUERLICHE STRAHLENBELASTUNG DOMINIERT

Erst durch die friedliche Nutzung der Kernenergie ist der Allgemeinheit bewusst geworden, dass der Mensch vielfaeltigen Strahlenbelastungen ausgesetzt ist. Wuerde die Strahlenbelastung der Bevoelkreung, die durch kerntechnische Anlagen hervorgerufen wird, um das Hundertfache steigen, so waeren die psychologischen Auswirkungen kaum auszudenken. Vermutlich muessten sofort alle kerntechnischen Anlagen stillgelegt werden. Und trotzdem laege dann der Anteil der Kerntechnik nur etwa bei 1% der zivilisatorischen Strahlenbelastung der Bevoelkerung und der Anteil an der Strahlenbelastung durch natuerliche Umgebungsbedingungen noch darunter. Der geringe Beitrag der Kerntechnik erklaert sich aus Strahlenschutzmassnahmen, die sich in ihren Vorgaben an der natuerlichen Strahlenbelastung orientieren und der Forderung nachkommen, dass Strahlenbelastung durch Technik weit unter der natuerlichen zu halten ist. Im neuen Bericht der Bundesregierung ueber Strahlenbelastung und Umweltradioaktivitaet wird wie auch in den frueheren Jahren festgestellt, dass der Beitrag der Strahlenexposition durch Kernkraftwerke und sonstige kerntechnische Anlagen zur sogenannten "genetischsignifikanten Dosis" der Bevoelkerung wniger als 1% des Beitrages der zivilisatorischen Strahlenbelastung ausmacht. Die Abgaben radioaktiver Stoffe blieben bei allen kerntechnischen Anlagen unterhalb, bei den meisten weit unterhalb der genehmigten Werte. Die zivilisatorische Strahlenbelastung stammt im wesentlichen aus der Anwendung radioaktiver Stoffe und ionisierender Strahlen in der Medizin, und dort vor allem aus der Roentgendiagnostik. Eine Untersuchung des Bundesgesundheitsamtes zeigt zwar, dass sich wesentliche Faktoren, die die Strahlenbelastung der Patienten beeinflussen, verbessert haben, doch liegt dieser Anteil seit Jahren unveraendert hoch, vielleicht durch die Zunahme roentgendiagnostischer Untersuchungen. Gegenueber dieser Strahlenbelastung ist die der Allgemeinheit durch kerntechnische Anlagen verschwindend gering. Die natuerliche Strahlenbelastung liegt dagegen mehr als doppelt so hoch wie die durch medizinische Massnahmen hervorgerufene. Sie setzt sich zusammen aus der Belastung durch kosmische Strahlung, durch Umgebungsstrahlung aus dem Boden und auch Baumaterial sowie durch natuerlich radioaktive Stoffe, die mit der Nahrung aufgenommen oder eingeatmet werden. (Atomwirtschaft/Atomtechnik 30(1985)4, K+U I)

Kernenergie:
PRODUKTION VON NATURURAN

Nach Schaetzungen der Nukem GmbH (Schweiz) lag die Natururanproduktion der westlichen Welt 1984 leicht ueber 38 000 t Uran und damit um ca. 4,7% hoeher als 1983. Fuer 1985 wird eine mit 38 400 t Uran nahezu gleich grosse Produktion wie im Vorjahr erwartet. Nach Jahren mit erheblicher Ueberproduktion wird 1985 die Natur-uran-Produktion dem Bedarf angepasst sein. (Atomwirtschaft/Atomtechnik 30(1985)4, K+U IV)

Energiewirtschaft:
KAELTE TREIBT STROMVERBRAUCH

Die Kaeltewelle im Januar 1985 brachte auch den europaeischen Nachbarn einen ueberdurchschnittlichen Stromverbrauch, wie die Vereinigung Deutscher Elektrizitaetswerke (VDEW) meldete. Die staerkste Steigerung gab es in Frankreich mit ca. 17% im Vergleich zum Januar des Vorjahres, in Oesterreich betrug der Zuwachs 16%, in der Schweiz bis zu 15%, in der BRD rund 10%. (Atomwirtschaft/Atomtechnik 30(1985) 4, K+U IV)

Autoradiographie:
NEUTRONEN ENTSCHLUESSELN MEISTERWERKE
Mit Neutronenstrahlen aus dem Forschungsreaktor des Berliner Hahn-Meitner-Instituts (HMI) werden z.Z. alte Meisterwerke untersucht. Dieses Analyseverfahren, die Autoradiographie, laesst Bildaufbau und Pinselstruktur sichtbar werden und liefert Erkenntnisse ueber die verwendeten Farbpigmente. Das Verfahren wurde erstmals vor einigen Jahren zur Ergaenzung von Roentgen-, Infrarot- oder UV-Untersuchungen vom Metropolitan Museum in New York angewandt. Ohne Konkurrenz ist die Neutronen-Autoradiographie bei Bildern, die der Kuenstler grossflaechig mit einem Grundierauftrag versehen hat, welchem Bleiweiss beigemischt war. Diese geben bei Roentgenaufnahmen keine Informationen preis, da das Blei im weissen Farbstoff abschirmend wie die Bleischuerze beim Roentgenarzt wirkt. Ebenso wie die anderen erwaehnten Untersuchungsmethoden wirkt auch die Autoradiographie voellig zerstoerungsfrei. Durch die Bestrahlung mit Neutronen werden Atome der Malfarbe aktiviert und senden fuer eine gewisse Zeit selbst Strahlung aus. Wird auf die bestrahlte Stelle ein hochempfindlicher Roentgenfilm gelegt, so fuehrt diese Strahlung zu charakteristischen Schwaerzungen. (Atomwirtschaft/Atomtechnik 30 (1985) 4, S. K+U I)

Radiooecology:
CUMBRIA FISH STUDY
A study of the levels of radioactivity in fish caught off the Cumbrian coast is to be carried out by AERE Harwell on behalf of the Cumbria Sea Fisheries Committee. The one-year study will provide the Fisheries Committee with an independent prompt source of information on local fish quality. Harwell will be analysing samples of fish and shellfish caught by Cumbrian fishermen to detect levels of plutonium, americium, caesium and other radionuclides. The Committee will receive quarterly progress reports. The final report will compare the results with those of similar studies carried out routinely by the Ministry of Agriculture, Fisheries & Food. It will also assess the significance of any radiation exposure to the public from regular fish consumption. (Atom (1985) 341,)

Ankündigungen / Announcements

STAATLICHES AMT FUER ATOMSICHERHEIT UND STRAHLENSCHUTZ (SAAS)
Kurzinformation zum Erscheinen der Verordnung ueber die Gewaehrleistung von Atomsicherheit und Strahlenschutz einschl. Durchfuehrungsbestimmung - Mitteilungen 22(1985)1

Rechtsvorschriften und Richtlinien auf dem Gebiet der Atomsicherheit und des Strahlenschutzes - Mitteilungen 22(1985)2

AKADEMIE-VERLAG BERLIN
Physik
Uebersetzung aus dem Russischen, 1985, ca. 640 Seiten, 319 Abb., 39 Tab., Ruben G. Geworkjan u. G. Klose

Physikalische Metallkunde
2. bearb. Auflage, 1985, ca. 380 Seiten, P. Haasen

Ferritwerkstoffe
1985, ca. 320 Seiten, 127 Abb., 60 Tab., L. Michalowsky

Rauschdiagnostik
1985, XIV, 234 Seiten, 105 Abb., 5 Tab., P. Liewers

Quantum Statistics of Charged Particle Systems
1985, ca. 320 Seiten, 63 Abb., 8 Tab. Wolf-Dietrich Kraeft, D. Kremp, W. Ebeling, G. Roepke

Zaehlen und Messen
1985, ca. 110 Seiten, R. Rompe, H.-J. Treder

Messtechnik ionisierender Strahlung
1985, ca. 160 Seiten, 53 Abb., 17 Tab., W. Stolz

Physikalische Chemie
Band 1; 3., verbesserte u. erweiterte Auflage, 1985, ca. 740 Seiten, 265 Abb., 93 Tab.,

Band 2; 3., bearbeitete u. erweiterte Auflage, 1985, ca. 420 Seiten, 106 Abb., 53 Tab., K. Schwabe u. H. Kelm

Veröffentlichungen / Publications

UNITED KINGDOM ATOMIC ENERGY AUTHORITY
AERE-R 10269
The decontamination of α bearing waste streams using coprecipitation with ferric hydroxide in conjunction with ultrafiltration, Oct. 1984, 29 pp., R.H. Knibbs

AERE-R 10518
An evaluation of organic tracers for groundwater movement studies, July 1984, 17 pp., C.S. Creaser

AERE-R 10368
The effects of radiation on ultrafiltration membranes, Oct. 1984, 19 pp., R.H. Knibbs

AERE-R 11153
PIX: A menu oriented program interface for the VAX/VMS operating system, August 1984, 64 pp., I.R. Norris and B.A. Stow

AERE-R 11179
Cold pressed and sintered barium sulphate ceramic waste forms for direct immobilisation of medium level Magnox waste, September 1984, 28 pp., D.V.C. Jones et al.

AERE-R 11382
Ambient ozone measurements at Harwell, January-December 1983, October 1984, 33 pp., F.J. Sandalls

AERE-R 11390
Equilibrium leach testing of Magnox fuel cladding residues, October 1984, 29 pp., B.F. Greenfield et al.

AERE-R 11391
Determination of the solubilities and degrees of sorption of uranium, plutonium, americium and neptunium under near-field conditions for disposal, October 1984, 12 pp., D.C. Pryke et al.

AERE-R 11396
PROFIT-a computer program to compare observed and theoretical concentration profiles in tube wall reactors, October 1984, D.H.W. Glass et al.

AERE-R 11397
Measurement of neutron spectra with hydrogen proportional counters. Part. I. Spectrometry system and calibration, October 1984, 34 pp., R. Birch et al.

AERE-R 11398
Measurement of neutron spectra with hydrogen proportional counters. Part. II. Analysis of proton recoil distributions, September 1984, 33 pp., R. Birch et al.

AERE-R 11426
Investigation of the liability of surface contamination arising from plutonium containing solutions, September 1984, 42 pp., J.D. Wilkins and S.J. Wisbey

AERE-R 11506
Landfill lining and capping, September 1984, 65 pp., C. Stevens

HAHN-MEITNER-INSTITUT FUER KERNFORSCHUNG, BERLIN (WEST)
Progress-Report No. 2, 1981-1984, Arbeitsgruppe Strahlenschaeden in Festkoerpern
HMI-B-415, 1984, 152 S.

OESTERREICHISCHES FORSCHUNGSZENTRUM - SEIBERSDORF

FZS-4293
Tetigkeitsbericht 1983, Kurzfassung, 1984, 28 S., G.W. Schwach

JAPANESE ATOMIC ENERGY RESEARCH INSTITUTE

JAERI-M-83-239
Basic study of electron irradiation technique in disinfestation process of maize, 1984, 47pp, R. Tanaka

BHABHA ATOMIC RESEARCH CENTRE - INDIA

BARC-1205
A D-D neutron generator, measurement of its yield and neutron energy, 1983, 25pp, S. Rao et al.

BARC-1215
Solvent extraction technology of Mo-99/Tc-99m system: design and operational considerationes, 1983, 125pp, O.P.D. Noronha and A.B. Sewatkar

BARC-1225
Bhabha Atomic Research Centre, Bio-organic division, Progress Report 1980-1983, 1984, 163pp, A.S.U. Choughuley and M.R. Heble

BARC-1226
On the preparation of polymeric D-containing compounds, 1984, 12pp, J.T. Kunjappu and K.N. Rao

RISØ NATIONAL LABORATORY - ROSKILDE

RISØ-M-2440
Assessment of fast radiographic systems ba the constant exposures technique, 1984, 54pp, J.C. Domanus

RISØ-M-2453
Fast radiographic systems, 1984, 12pp, J.C. Domanus

RISØ-M-2454
Neutron radiographic techniques, facilities and applications, 1984, 26pp, J.C. Domanus

RISØ-M-2434
Electronics Department: Progress Report 1983, 1984, 54pp

BROOKHAVEN NATIONAL LABORATORY

BNL-51825
Brookhaven highlights. April 1983-Sept. 1984, 1984, 94pp

ATOMIC ENERGY OF CANADA

AECL-8479
The status of the Canadian primary heavy water standard and the assignment of the absolute value, 1984, 11pp, W.M. Thurston and M.W.James

AECL-7079
Atomic Energy of Canada Ltd. Research programs in systems chemistry

AECL 8254
Migration of radionuclides in porous media: Analysis of experimental data, 1984, 48pp, G.L. Moltyaner and C. Paniconi

AECL-8086
Radiolysis and photolysis of aquerus aerated tryptophan solutions, 1984, 10pp, A.Singh et al.

AECL-8301
Surface studies of the interaction of Cs with feldspars, 1984, 11pp, D.L. Brown et al.

AECL-8414
Equilibria effects in the dynamic ion-exchange separation of metal ions, 1984, 6pp, R.M. Cassidy and M. Fraser

AECL-8497
Reactions of NO_2 and NO_2^- ion with organic radicals, 1984,4pp, A.J. Eliot, A.S. Simons

AECL-8566
Microbial mediation of radionuclide transport-significance for the nuclear fuel waste management program, 1984, 19pp, D.R. Champ

AECL-8438
Predictions of local, regional and global radiation doses from J-129 for 4 different disposal methods and an all-nuclear future, 1984, 10pp, D.M. Wuschke et al.

AECL-8364
Soil nuclide distribution coefficients and their statistical distributions, 1984, 64pp, M.I. Shappard et al.

EACL-7819
The photochemical methods for radioiodine abatement, 1984, 30 pp, A.C. Vikis

AECL-8366
The effect of pH on the stabilitiy of smectite, 1984, 45pp, R.M. Johnston and H.G. Miller

AECL-7811
The Canadian nuclear fuel waste management program 1984 Annual Report, 1984, 140pp, R.S. Dinon and F.L.J. Rosinger

JOINT INSTITUTE FOR NUCLEAR RESEARCH, DUBNA

DUBNA-84-702
On the time interval between the moments of particle registrations by a modified counter with prolonging dead time, 1984, 12pp, J.A. Dvurecenskij

DUBNA-84-635
Technological synthesis of the thermoluminophore Ca SO_4 : Dy; its dosimetrical characterization (in Russian), 1985, 6pp, Ja.G. Kaszkanov and Ju. Henninger

DUBNA-84-758
Possibility of the application of a two-dimensional positional-sensitive detector for the radiometrical determination of results of solid-state radioimmunological analyses (in Russian), 1984, D.A. Abdusukurov et al.

KERNFORSCHUNGSANLAGE, KARLSRUHE

KFK-3742
Statische und dynamische Experimente zu Cs-Rueckhaltung aus NO_3^--haltigen, salpetersauren Loesungen, 1984, 25 S., W. Faubel et al.

KFK-3833
MODEASY-ein Programmsystem zum Modifizieren und Verwalten von gespeicherten Kurven einer Veraenderlichen, 1984, 143 S., R. Heyer, K.Kufur

KFK-3832
On-line-Bestimmung von Pb mit dem RFA-Verfahren Graf in der Pb/Zn-Erzaufbereitung, 1984, 87 S., A. Luebeck und K. Wiese

KFK-3866
Rn-Measurements in mines and dwellings, 1985, 68pp, M. Urban et al.

KFK-3825
Optimierung der Aktivitaetsbeladung von schwach- und mittelaktiven Abfallgebinden. Beschreibung des Programmpakets PROMAX mit Anwendungsrechnungen, 1985, 48 S.

KFK-3806
Matsching problems in pulse power radial transmission lines, 1984, 30 pp, K. Milag , A. Brandelik

KFK-3068
Voltametrische Bestimmung von Tc extrem kleiner Konzentrationen bei Anreicherung und Reaktion mit Rhodanid, 1984, 14 S., M.Friedrich und H. Ruf

Ausgewählte Beiträge / Recently published papers

ISOTOPE GEOSCIENCE 2(1984)4
Reminescences about some works connected with the study of noble gases, their isotopic composition and geochronology - E.K. Gerling

Age of carbonatite and phoscorite magmatism of the Phalaborwa Complex (South Africa) - S.C. Eriksson

Effect of oxygen fugacity on sulfur isotope compositions and magnetite concentrations in the Kirkpatrick Basalt, Mount Falla, Queen Alexandra Range, Antarctica - G. Faure et al.

Original of epigenetic calcite in coal from Antarctica and Ohio based on isotope compositions of oxygen, carbon and strontium - G. Faure et al.

Carbon and oxygen isotope analysis of calcite or dolomite associated with organic matter - A. Charef et al.

The hydrogen isotope fractionation between kaolinite and water - K.-K. Liu et al.

A tritium-exchange method for obsidian hydration shell measurement - J.P. Lowe et al.

Dating of a volcanic rock by electron spin resonance - K. Shimokawa et al.

PHYSIK IN UNSERER ZEIT 16(1985)1
Atmosphaerische Auswirkungen eines Atomkrieges - P.J. Crutzen, J. Hahn

ATOMKERNENERGIE-KERNTECHNIK 46(1985)2
Schwerpunktthema:
Fortschritte in der Wiederaufarbeitung - K. Ebert

Ergebnisse und Ziele von Entwicklungsarbeiten zum Purex-Prozess - H. Schmieder u.a.

Chemische und radiolytische Solventzersetzung im Purex-Prozess - L. Stieglitz, R. Becker

Das Konzept der Abgasreinigung in Wiederaufarbeitungsanlagen - E. Henrich, R. von Ammon

Analytik im Purex-Prozess - D. Ertel, G. Horn

Inline-Instrumente und Laborautomaten fuer die Prozesskontrolle des Purex-Prozesses - P. Groll

Strahlentechnik:
Die Untersuchung ortsabhaengiger Neutronenspektren an der BFS-45-Anordnung (BN-600-Simultation) - D. Albert u.a.

Die Anwendung von Kernspurdetektoren zum Nachweis geringer Verunreinigungen durch Alpha-Strahler in Aluminium-Folien - E. Pitt u.a.

Dekontamination:
Die Bewertung der Dekontaminierbarkeit von Oberflaechen und die Anwendung von Bewertungsschluesseln auf der Basis von Teilergebnissen - T. Tamberg

Kurze Originalmitteilungen:
Neutronenthermalisierung in atomarem Wasserstoffgas - M.S. Musazay

JADERNÁ ENERGIE 31(1985)3 (in Czech)
Production technology of technetium - Tc-99m - V. Risa et al.

Radioanalytical determination of chromium in welding fumes - L. Oláh

Specific problems of radioactive waste management in connection with A-1 decommissioning - E. Hladký

Research ans production of radiopharmaceuticals in ČSSR and their future - F. Melichar et al.

Part II. Previous research and production of radiopharmaceuticals in CSSR

Calibration of ionization chambers in gamma ray beam of Co-60 - J. Novotný et al.

Influence of low doses of neutron radiation on aerial kerosene and motor petrol - M. Piatrik et al.

Measuring equipment for numerical evalution of densitometric curves - N. Ganev et al.

JADERNA ENERGIE 31(1985)3 (in Czech)
The space resolution model of the position sensitive ionization chamber with the reconstruction of the ionization track - T. Čechak et al.

Effect of basic parameters of vibrational densification in the preparation of fuel elements based on spherical particles of sintered uranium dioxide - H. Landsperský

Decontamination efficiency of selected domestic detergents - J. Severa, J. Knajfl

PIXE analysis with external proton beam - V. Potoček et al.

Determination of nuclear reactor fuel burning process balance by gamma spectrometry of fission products Part IV - Determination of the plutonium isotopic composition and content on the basis of activity quotients Ru-106/Cs-137 and Cs-134/Cs-137 - V. Bulovič et al.

HENKEL REFERATE 20(1984)
Abbauverhalten und Verbleib von Fettalkoholethoxylaten in der Umwelt - Untersuchungen mit C-14-markierten Modelltensiden nach einer Veroeffentlichung in Tenside Detergents, 20(1983) 183 - J. Steber, P. Wierich

KHIMICHESKAJA FISIKA 4(1985)3 (in Russian)
Experimental investigations of the reaction $D+H_2$ (v=1) - W.B. Rosenstein et al.

WISSENSCHAFT IN DER UDSSR 6(1984)
Wie man das Plasma aufheizt - B. Kadomzew

Die Bogoljubow-Schule - A. Pokrowski

WISSENSCHAFT IN DER UDSSR 1(1985)
Neue Einzelheiten zum Uran - W. Gerassimow

Alles ueber das Wasser in der Erdkruste Grundlagen der Hydrogeologie in 6 Baenden, Verlag Nauka, Nowosibirsk 1980-1984 - J. Saizew, P. Tolstichin

PRESSE DER SOWJETUNION (1985)1
Die sowjetische Energetik an der Schwelle des 21. Jahrhunderts

Kernkraftgetriebener Nordmeerfrachter "Sewmorput" - W. Schmyganowski

SPECTRUM 16(1985)2
Isotope untersuchen Durchblutung des Herzmuskels - W. Mohnicke u.a.

Isotope in der Medizin gehoeren heute bereits zum Alltag. Die Autoren haben eine Substanz entwickelt und getestet, durch die bedeutsame Fortschritte bei der Beurteilung der Herzmuskelperfusion zu erwarten sind.

INTERNATIONAL LABORATORY 15(1985)Jan./Febr.
XRF Spectrometer for analysis of light elements - and advanced end-window - Y.M. Gurvich

FRESENIUS Z. ANALYT. CHEM. 320(1985)2
Separation of Pu from feces and urine by coprecipitation with Bi PO_4 - Z. Hoelgye

On the other hand, the specific activity of the catalysts in the vapour phase isotopic exchange reaction of deuterium between hydrogen and water vapour was calculated using the following equation [1]:

$$r_{sp.} = \frac{F \cdot B}{(1 + BK)\, w} \ln \frac{N_{\infty}^{HD} - N^{H_2}}{N_{\infty}^{HD} - N^{HD}} \quad (2)$$

where F is the flow rate of hydrogen in moles/s
B is the partial pressure of water to that of hydrogen
K is the equilibrium constant at the reaction temperature ($K_{100} = 2{\cdot}63$)
w is the weight of the catalyst
N_{∞}^{HD} is the deuterium concentration in hydrogen at equilibrium in atom % D
N^{H_2} is the deuterium concentration in hydrogen before the reaction in atom % D
N^{HD} is the deuterium concentration in hydrogen after the reaction in atom % D.

2.3. *Kinetic measurements*

The order of the liquid phase reaction was calculated from the experimental results relating $\ln(a - x)$ and t at different reaction temperatures in the presence of the catalyst, where a is the total volume evolved of oxygen and x is that evolved at time intervals t.

On the other hand, the overall reaction rate constant of the vapour phase deuterium isotopic exchange reaction between hydrogen and water vapour was calculated from the following equation [9]:

$$\text{Overall reaction rate} = \frac{F^0}{273\, Rw} \ln \frac{1}{(1 - Q)} \quad (3)$$

where; F^0 is the hydrogen flow rate at standard temperature in $ml \cdot s^{-1}$
R is the gas constant in $ml \cdot at \cdot deg.^{-1} \cdot mole^{-1}$ ($R = 82{\cdot}06$)
w is the weight of catalyst in g and
Q is the fractional conversion factor given by equation (4).

$$Q = N^{HD} \frac{(n^{HDO} + n^{H_2})\, K_{100}}{n^{HDO} \cdot N^{HDO} + n^{H_2} \cdot N^{H_2}} \times 100 \quad (4)$$

where; N^{HD} is the deuterium concentration of hydrogen after reaction in atom % D
n^{HDO} is the number of HDO moles
n^{H_2} is the number of H_2 moles
K_{100} is the equilibrium reaction constant at 100 °C
N^{HDO} is the deuterium concentration of HDO and
N^{H_2} is the deuterium concentration of hydrogen before the reaction.

3. Results and discussion

The results of the specific activity measurements for nickel catalysts promoted with different alumina/chromia-mixtures in both liquid- and vapour-phases are given in Tab. 1. It is seen from the results that the catalyst composed of 85 mole% Ni/10 mole% Al_2O_3/5 mole% Cr_2O_3 exihibits maximum activity in both phases. This catalyst is recommended to be used in the isotopic exchange of deuterium between hydrogen and water vapour due to its relatively high resistance to deactivation, resulting from water condensation on its surface.

Kinetic study of the liquid phase reaction over this type of catalysts was followed from the relation between $\log(a - x)$ and t, represented in Fig. 1. The resulting straight line relationship indicates that, the reaction is a simple first order one.

Fig. 2 shows the relation between $\ln \frac{1}{1-Q}$ and $\frac{w}{F^0}$ according to equation (3). Tab. 2 includes the parameters used to perform such graphical representation. The straight line relationship given by Fig. 2 demonstrates that, the vapour

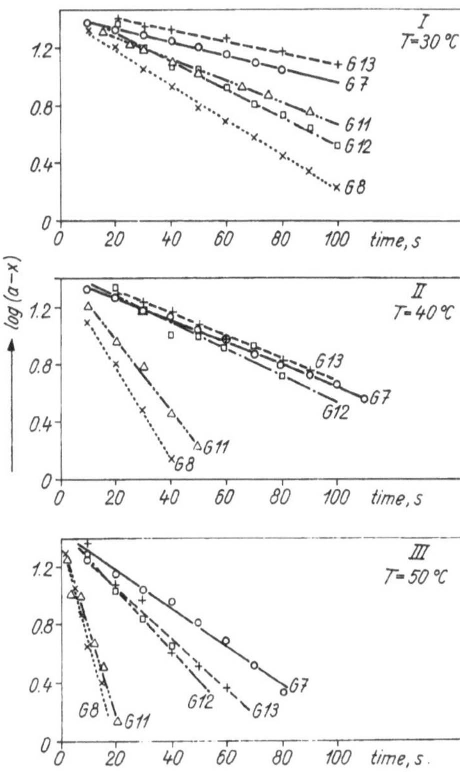

Fig. 1. First order plots of the liquid phase thermal decomposition of H_2O_2 on the different catalysts at different temperatures

Tab. 1. Specific catalytic activity measurements in liquid- and vapour phase reactions

catalyst	composition $Ni/Al_2O_3/Cr_2O_3$	(sp. activity)$_{liq.}$ moles H_2O_2/s.g. $\times 10^{-17}$			(sp. activity)$_{vap.}$ moles D/s.g. $\times 10^5$
		30 °C	40 °C	50 °C	
G 7	85/ 5/10	20·9	35·5	70·9	4·96
G 8	85/10/ 5	53·9	153·6	307·3	10·80
G 11	80/ 5/15	25·2	77·4	201·1	10·40
G 12	80/10/10	26·4	42·0	90·0	9·70
G 13	80/15/ 5	18·2	30·9	70·0	9·10

Tab. 2. The experimental data used to calculate the vapour phase reaction rate constant

F ml H_2/s	F^0 ml H_2/s	w g	Q %	$\ln \frac{1}{1-Q}$	$\frac{w}{F^0}$
0·772	0·565	28·61	0·870	2·04	50·64
0·772	0·565	26·18	0·800	1·61	46·34
1·278	0·935	14·19	0·615	0·96	15·18
2·083	1·525	14·00	0·260	0·30	9·24

phase isotopic exchange of deuterium between hydrogen and water is a first order reaction too. The overall reaction rate constant for this reaction was deduced from the slope of Fig. 2, and it is found to be $1{\cdot}7 \times 10^{-6}$ moles D. atm^{-1} s^{-1} gm^{-1}

The activation energy of the liquid phase reaction was calculated from Arhenius plots given in Fig. 3. The result are summarized in Tab. 3 in addition to the corresponding

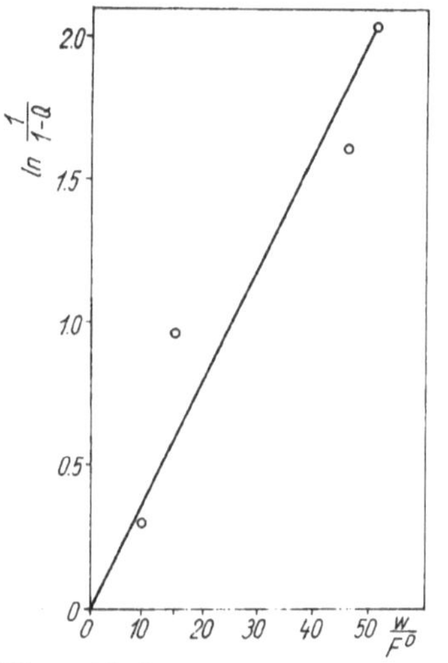

Fig. 2. Effect of hydrogen flow rate on the isotopic conversion factor of deuterium between hydrogen and water vapour

Tab. 3. Liquid phase reaction rate constants and activation energy for different catalysts

catalyst	composition $Ni/Al_2O_3/Cr_2O_3$	rate constant min^{-1}			E_a (kcal/mol)
		K_{30}	K_{40}	K_{50}	
G 7	85/ 5/10	0·01152	0·01843	0·02993	9·66
G 8	85/10/ 5	0·02994	0·07599	0·18424	13·34
G11	80/ 5/15	0·01382	0·05412	0·13820	20·70
G12	80/10/10	0·01620	0·02188	0·04606	11·96
G13	80/15/ 5	0·01036	0·01842	0·04145	12·42

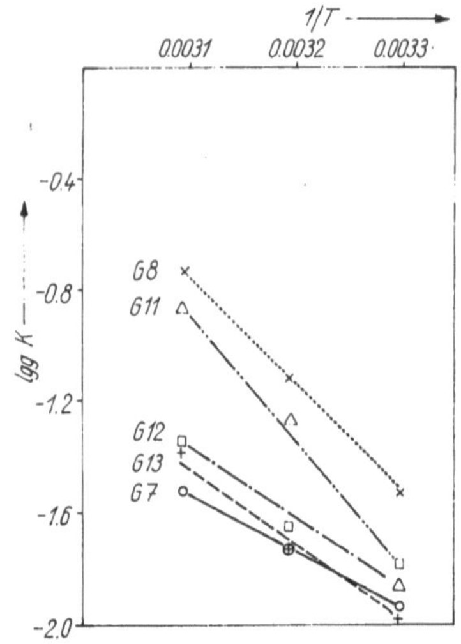

Fig. 3. *Arrhenius* plots for different $Ni/Al_2O_3/Cr_2O_3$-catalysts

reaction rate constants. The activation energy of the recommended catalyst (G-8) was found to be equals to 13·34 kcal/mole.

Received May 16, 1984

References

[1] *F. Abou El-Nour, H. Schütze,* Isotopenpraxis 8 (1972) 391

[2] *F. Abou El-Nour, M. Abdel-Khalik, N. Belacy,* Isotopenpraxis 13 (1977) 179

[3] *F. Abou El-Nour, N. Belacy,* Isotopenpraxis 17 (1981) 285

[4] *F. Abou El-Nour, N. Belacy,* Isotopenpraxis 18 (1982) 131

[5] *E. H. Taylor, G. G. Joris,* „Production of Heavy Water by G. M. Murphy", McGraw-Hill Book Company Inc., N.Y. 1955

[6] *F. Abou El-Nour,* Isotopenpraxis 16 (1980) 370

[7] *F. Abou El-Nour, H. Schütze, K. Wetzel,* Patent No. 87562, DDR 1972

[8] *H. A. Hassan,* "Studies on Surface and Catalytic Properties of Unsupported Cobalt and Supported Cobalt/Alumina Catalysts", M. Sc. thesis, Faculty of Science, Chemistry Department, Ain Shams University, 1976

[9] *D. W. Bassett, H. W. Habgood,* J. Phys. Chem. 64 (1960) 769

Isotopenpraxis 21 (1985) 7, S. 247 bis 251

Rechnerunterstützter Entwurf von Gammabestrahlungsanlagen

M. Remer

(Zentralinstitut für Isotopen- und Strahlenforschung der AdW der DDR, Leipzig)[1])

Bei der Überführung strahlenchemischer und strahlentechnischer Verfahren in den Pilot- und industriellen Maßstab werden der strahlentechnische Teil der Bestrahlungsanlage, insbesondere die Strahlenquellen selbst, und die bauliche Hülle zum kostenbestimmenden Faktor. Die Beschreibung und Bewertung von Teilsystemen auf der Grundlage von Dosisleistungsverteilungen bildet eine wesentliche Basis für einen optimalen Entwurf. Die Wechselwirkung von Computerexperiment und Dosimetrie im Rahmen der Bewertung existierender Bestrahlungsanlagen schafft die Voraussetzungen für das Erarbeiten eines adäquaten Berechnungsmodells. Dessen Nutzung eröffnet qualitativ neue Möglichkeiten beim Entwurf von Gamma-Bestrahlungsanlagen. Die Möglichkeiten und Vorteile dieser Vorgehensweise werden anhand einiger Beispiele der Nutzung des Computerprogramms DOSKMF 2 für Aufgabenstellungen des ZfI demonstriert.

By utilization of methods of radiation processing and radiation technology in the pilot and industrial scale the irradiation facility including the shieldings is the factor, which influences the costs mostly. Description and evaluation of partial systems by means of dose rate distributions is one of the important fundamentals for an optimal design. The complex relations require the application of computer methods. The combined application of computer experiments and dosimetry within the bounds of evaluation of existing facilities is the basis for working out an adequate computing model. The use of the model opens some new possibilities for the design of gamma-irradiation facilities. Possibilities and advantages of this practice are demonstrated by means of some examples of utilization of the code DOSKMF 2 for problems of the ZfI.

Keywords

cobalt 60; computer-aided design; d codes; gamma dosimetry; gamma radiation; mathematical models; pilot plants; planning; radiation dose distributions

1. Einleitung

Eine wesentliche Voraussetzung im Rahmen strahlenchemischer und strahlentechnischer Untersuchungen und Verfahren stellen die dafür notwendigen Bestrahlungsanlagen dar. Diese bestehen aus einer Reihe aufeinander abgestimmter Teilsysteme, deren Auslegung die Effektivität der Gesamtanlage entscheidend beeinflußt. Die Komplexität der Zusammenhänge und die Vielzahl der zu berücksichtigenden Parameter lassen den Entwurf neuer Gamma-Bestrahlungsanlagen mit ausschließlich auf Erfahrungen beruhenden Mitteln kaum noch zu. Die Berechnung von Dosisleistungsverteilungen auf der Basis entsprechender Modelle mit Hilfe des Computers eröffnet vielfältige Möglichkeiten bei der Bewertung einzelner Teilsysteme. Das Wechselspiel Computerexperiment — experimentelle Dosimetrie im Rahmen der Nutzung und Bewertung bestehender Anlagen schafft die Voraussetzungen für das Erarbeiten eines adäquaten Berechnungsmodells. Auf dessen Basis eröffnen sich zahlreiche qualitativ neue Möglichkeiten beim Entwurf neuer Gamma-Bestrahlungsanlagen. Am Beispiel des im Zentralinstitut für Isotopen- und Strahlenforschung (ZfI) entwickelten und genutzten Computerprogramms DOSKMF 2 im Rahmen der Bewertung bestehender und beim Entwurf neuer Anlagen wird diese Vorgehensweise demonstriert.

2. Bestrahlungsanlagen als Basis strahlenchemischer und strahlentechnischer Untersuchungen und Verfahren

Bereits bei den meist im Labormaßstab durchgeführten Grundlagenuntersuchungen interessieren vor allem die konkreten Dosisleistungsverteilungen, unter denen die untersuchten Reaktionen ablaufen. Eine Forderung, die an Bestrahlungsanlagen für Forschungszwecke besonders oft gestellt wird, besteht in der multivalenten Nutzbarkeit. Durch vielfältige Konfigurationen von Strahlenquellen und bestrahlten Objekten sollen unterschiedliche Bestrahlungsaufgaben lösbar sein.

Bei der Überführung der Ergebnisse der Grundlagenforschung über den klein- bis zum großtechnischen Maßstab steigt die Bedeutung der Bestrahlungsanlagen noch an. Denn bei der Maßstabsvergrößerung werden die Bestrahlungsanlagen einschließlich der baulichen Hülle oft zum kostenbestimmenden Faktor.

Bestrahlungsanlagen zur Realisierung strahlenchemischer und strahlentechnischer Prozesse im industriellen Maßstab lassen sich in eine Reihe von Teilsystemen aufgliedern. Darstellungen hierzu findet man in [1, 2].
Die wesentlichsten Teilsysteme sind:

- System der Strahlenquellen
- Quellenlager und Quellentransportsystem
- Material- bzw. Produkttransportsystem
- Sicherheitssystem einschließlich biologischer Abschirmung
- Steuersystem, Be- und Entlüftung
- Gesamtgebäude mit allen weiteren notwendigen Einrichtungen, wie z. B. Speichersystem und Hilfsmittel.

In der Praxis existieren unterschiedlichste Ausführungen von Bestrahlungsanlagen, die sich jedoch nach einer Reihe von Kriterien, wie z. B. Geometrie, Anwendungsgebiet oder Betriebsweise, klassifizieren lassen.

Für industrielle Anwendungen kann man eine Einteilung in 3 Grundtypen vornehmen:

[1]) Anschrift: 7050 Leipzig, Permoserstr. 15

- Paketbestrahlung (typisch für Strahlensterilisation sowie Nahrungs- und Futtermittelbestrahlung, wobei das zu behandelnde Gut meist in standardisierten Behältnissen verpackt ist),
- Bestrahlung homogener oder heterogener Mischungen in geeigneten Reaktoren,
- Festkörperbestrahlung.

Ausgangspunkt für die Entwurfskriterien ist in den meisten Fällen die zu erreichende Dosisleistung mit entsprechenden Forderungen nach einzuhaltenden minimalen, mittleren und maximalen Grenzwerten und bestimmten Verteilungen der Dosisleistungswerte. Ziel ist in jedem Fall eine hohe Effektivität der Anlage in bezug auf die Strahlenausnutzung, da die Kosten für die Strahlenquellen selbst einen hohen Anteil an den Gesamtkosten haben. In [1] werden für eine 1 MCi-Anlage etwa 40% der Gesamtkosten nur für die Quellen angegeben.

Folgende Hauptfaktoren lassen sich für das Erreichen einer hohen Effizienz angeben:

- Quellenart und -anordnung
- Geometrie der Bestrahlungsanlage
- Transportsystem für Bestrahlungsgut
- Produktgeometrie und -dichte.

Dabei stehen diese Faktoren in enger Beziehung zueinander. So kann beispielsweise das System Strahlenquelle/Produkt nicht isoliert vom Produkttransportsystem betrachtet werden und umgekehrt.

Gleichzeitig sind bereits in der Entwurfphase folgende Verlustfaktoren unbedingt zu berücksichtigen:

- Absorption in Nicht-Produkt-Materialien (z. B. Transportsystem)
- nichtabsorbierte Energie
- Energie, die über das geforderte Minimum hinaus absorbiert wird.

Eine wesentliche Rolle beim Bau industrieller Bestrahlungsanlagen spielt weiterhin die Minimierung der Aufwendungen für eine sichere biologische Abschirmung, für die ebenfalls ein hoher Anteil der Gesamtkosten kalkuliert werden muß.

3. Möglichkeiten und Voraussetzungen der Rechnerunterstützung

Die Lösung der gestellten Aufgaben

- Erreichen einer maximalen Ausnutzung der eingesetzten teuren Nuklidaktivität,
- Minimierung der Aufwendungen für eine sichere biologische Abschirmung,

ist unter Beachtung der engen Verknüpfung und der meist notwendigen Größe der zu entwerfenden Bestrahlungsanlage äußerst komplex. Dadurch läßt sich mit ausschließlich experimentellen Mitteln oder nur langjähriger Erfahrung keine optimale Lösung erreichen. Als Ausweg bieten sich hier die Möglichkeiten der modernen Rechentechnik an. Mit ihrer Hilfe sind z. B. möglich:

- die Untersuchung der komplizierten Wechselwirkungsprozesse von Strahlung und Materie (bedeutsam für die Auslegung von Quellenlager und Abschirmung sowie für die Prozesse im bestrahlten Produkt),
- die Beschreibung und Simulation komplizierter geometrischer Zusammenhänge (Anordnung der Quellen, Quellen-Produkt-Geometrie),
- die Optimierung bestehender und zu bauender Bestrahlungsanlagen hinsichtlich der verschiedensten Kriterien.

Von zentraler Bedeutung für den Entwurf und die Bewertung der einzelnen Teilsysteme einer Bestrahlungsanlage sind die resultierenden Dosisleistungsverteilungen. Aus ihrer Gestalt lassen sich vielfältige Aussagen und Schlußfolgerungen ableiten.

Voraussetzung für die Berechnung der Dosisleistungsverteilungen ist die Existenz eines Modells zur Ermittlung des Strahlenfeldes in Abhängigkeit von eingesetzter Nuklidaktivität, geometrischer Konfiguration von Strahlenquellen und bestrahltem Objekt sowie einer Vielzahl weiterer Parameter.

Unabhängig von der Komplexität der Bestrahlungsanlage werden Basisbeziehungen der Wechselwirkung von Gamma-Strahlung und Materie, wie z. B. die Wirkung einer Punkt-, Linien- oder Flächenquelle in einem Feldpunkt unter Berücksichtigung von Absorptionsschichten stets verwendet. Beim Entwurf von Bestrahlungsanlagen spielen sowohl deren Spezifika als auch Komponenten der damit zu realisierenden Prozesse eine wesentliche Rolle. Daraus resultieren in der Praxis unterschiedliche Rechnerprogramme, die diese Besonderheiten dem Problem angepaßt betonen.

Einerseits werden komplexe Programme, die meist dem Bereich der Grundlagenforschung entstammen, genutzt, z. B. [3–5]. Sie berücksichtigen oft unterschiedliche Strahlungsarten und bieten ein umfangreiches Methodenspektrum bei der Behandlung der Strahlenwechselwirkungsprozesse an. Andererseits existiert auch eine Reihe von Programmen, die speziell für den Entwurf unter Betonung des Anlagenaspekts erarbeitet wurden, z. B. [6–9]. In engem Zusammenhang mit dem Umfang der zu lösenden Probleme steht das verwendete Hardwarespektrum, welches sich von der Groß- über die Klein- bis zur Mikrorechentechnik erstreckt.

Folgende Vorgehensweise ist für den rechnerunterstützten Entwurf typisch. Ausgehend von einer ersten Näherung für die Beschreibung der Bestrahlungsanlage werden die daraus resultierenden Dosisleistungsverteilungen ermittelt. Danach erfolgt deren Bewertung und das Ableiten von Maßnahmen zur gezielten Veränderung von Ausgangsparametern. An dieser Stelle kommt natürlich die gesamte Erfahrung des Bestrahlungspraktikers zum Tragen, nur bedient er sich jetzt beim Umsetzen seiner Vorstellungen zusätzlich des Hilfsmittels Rechner. Dieser iterative Prozeß wird fortgesetzt, bis ein den Vorgaben entsprechender Entwurf aller Teilsysteme erarbeitet ist. Dies geschieht selbstverständlich in Abstimmung mit der Auslegung der Teilsysteme, die nicht unmittelbar durch die Modellierung von Dosisleistungsverteilungen, sondern vorrangig durch technologische und fertigungstechnische Aspekte beeinflußt werden.

Die direkte Lösung des inversen Problems, die unmittelbare Ermittlung der Anlagenkonfiguration aus der geforderten Dosisleistungsverteilung, wird in der Praxis seltener angewandt. Einerseits ist dies in der großen Anzahl von Freiheitsgraden bei der Beschreibung einer Bestrahlungsanlage begründet. Andererseits müßte man auch voraussetzen, daß sowohl die Erfahrung des Praktikers als auch die auftretenden praktischen Beschränkungen im Programm erfaßt und berücksichtigt sind.

4. Notwendigkeit und Bedeutung der Wechselwirkung von Dosimetrie und Computerexperiment

Für die Berechnung der Dosisleistungsverteilungen kann nicht schlechthin ein Modell und ein davon abgeleitetes

Computerprogramm vorausgesetzt werden, sondern dessen Adäquatheit und Robustheit muß gesichert sein. Man versteht darunter, daß zum einen die aus den Eingangsgrößen ermittelten Ausgangsgrößen hinreichend genau mit den wahren Werten übereinstimmen, und zum anderen das Modell möglichst unempfindlich gegen äußere Einflüsse ist. Es muß berücksichtigt werden, daß jedes Modell unter einem bestimmten Blickwinkel ein Grobmodell ist, indem einige Zusammenhänge approximativ oder vereinfacht berücksichtigt werden. Um die Adäquatheit des Modells zu sichern, sollte bei der Erarbeitung von Rechnerprogrammen zur Strahlenfeldberechnung jede Möglichkeit der Verbindung mit Methoden der experimentellen Dosimetrie genutzt werden. So gelingt es, das Modell schrittweise zu erweitern und für vielfältige Anwendungsaufgaben verfügbar zu machen. Das im ZfI erarbeitete und genutzte Computerprogramm DOSKMF2 [10, 11] entstand auf diese Weise in enger Wechselwirkung mit einer Bestrahlungsanlage vom Typ „PANORAMA". Detailliertere Ausführungen dazu sind einer weiteren Arbeit vorbehalten.

Darüber hinaus kann die Überprüfung der Adäquatheit erfolgen, wenn beispielsweise neue dosimetrische Methoden Anwendung finden oder auch neue Bestrahlungsanlagen installiert werden. Ein Beispiel dafür ist in [12] dargestellt.

Das so erprobte Computerprogramm kann nun für vielfältige Berechnungen genutzt werden und eröffnet qualitativ neue Möglichkeiten. Dies gilt sowohl im Rahmen bestehender als auch für den Entwurf neuer Bestrahlungsanlagen. Bei der Einschätzung existierender Anlagen sollten die erzielten Rechenergebnisse nach erfolgter praktischer Realisierung stichprobenartig dosimetrisch überprüft werden.

Bei der Planung neuer Anlagen ist diese Situation nach deren Fertigstellung gegeben. In diesem Fall muß immer überprüft werden, inwieweit mittels Computerexperiment ermittelte Vorgaben für die Projektierung in der Realisierungsphase modifiziert wurden. Häufig macht sich deshalb im Rahmen der Inbetriebnahme ein nochmaliges Wechselspiel von Computerexperiment und Dosimetrie erforderlich.

5. Ergebnisse des praktischen Entwurfs von Gamma-Bestrahlungsanlagen am ZfI

5.1. *Rechentechnische Voraussetzungen*

Im ZfI steht für die Berechnung von Strahlenfeldern in ^{60}Co-Gamma-Bestrahlungsanlagen das Computerprogramm DOSKMF2 zur Verfügung. Der Leistungsumfang soll hier kurz charakterisiert werden:

- Berücksichtigung von Punkt- und Linienquellen.
- Approximation des Dosisaufbaufaktors für eine einzelne Schicht mittels der TAYLOR-Formel.
- Berücksichtigung des Dosisaufbaufaktors für Mehrschichtsysteme durch multiplikativen Ansatz.
- Beschreibung des Systems Strahlenquellen/bestrahlte Objekte mittels zweier Koordinatensysteme. Das erste dient der Festlegung der Anordnung der Strahlenquellen und das zweite zur Beschreibung des bestrahlten Objektes einschließlich der Abschirmschichten, die in Form konzentrischer Kreise berücksichtigt werden können.
- Anordnung der Strahlenquellen sowohl inner- als auch außerhalb der Abschirmschichten.
- Vorgabe der Feldpunktkoordinaten in Zylinder- oder Quaderkoordinaten mit Angabe von Anfangswert, Schrittweite und Endwert für jede Dimension.
- Berechnung statistischer Maßzahlen für ausgewählte Teilmengen aus Zylindern oder Quadern zur schnellen Beurteilung der berechneten Strahlenfelder.
- Bereitstellung der Dosisleistungswerte auf magnetischem Datenträger für nachfolgende grafische Aufbereitung.

Das Programm ist in PL1 geschrieben. Für die grafische Darstellung der Dosisleistungsverteilungen mittels Isolinien steht das FORTRAN-Programm ISORADL zur Verfügung, das die Aufbereitung für ein automatisches Zeichengerät DIGIGRAF realisiert. Die Programme laufen auf einem Rechner ES 1040, Betriebssystem OS/ES.

5.2. *Planung neuer Beladeschemata für die PANORAMA-Anlage*

^{60}Co-Gamma-Bestrahlungsanlagen bedürfen nach einer entsprechenden Laufzeit einer Neu-, Um- und/oder Nachladung mit aktiven Strahlenquellen, um die notwendigen Dosisleistungen zu gewährleisten. Im vorliegenden Fall konnte von folgenden Voraussetzungen und Forderungen ausgegangen werden:

1) Die 84 Strahlenquellen der Erstbeladung in 12 Bestrahlungsrohren mit einer verbliebenen Gesamtaktivität von zirka 560 TBq (zirka 15 KCi) werden weiter verwendet.
2) Zusätzlich stehen 48 Strahlenquellen gleichen Typs mit einer Aktivität von je 16,25 – 18,50 TBq (450 – 500 Ci) zur Verfügung.
3) Mit der neuen Beladung muß ein breites Spektrum an Dosisleistungen realisierbar sein.
4) Die gewählte Variante der Neubeladung soll einen minimalen technologischen Aufwand besitzen.

Ausgehend von einer Reihe von Vorüberlegungen soll zwischen den Varianten A und B entschieden werden.

A: Beladung von 6 Rohren mit je 14 alten Quellen,
Beladung von 6 Rohren mit je 8 neuen Quellen.

B: Beladung von 6 Rohren mit je 12 alten Quellen,
Beladung von 6 Rohren mit je 2 alten und 8 neuen Quellen.

In beiden Fällen ergibt sich eine aktive Zone in den Bestrahlungsrohren von 370 – 390 mm Länge.

Für den Variantenvergleich wurde jeweils die mittlere Dosisleistung in Abhängigkeit von der Höhe ermittelt. Während sich bezüglich der Höhe eine 1-cm-Teilung als notwendig erwies, um die Abhängigkeit von der Lage der Quellen richtig zu erfassen, genügte in x- und y-Richtung ein 4-cm-Raster.

Aus den Berechnungen ergab sich, daß im Bereich der aktiven Zone eine Abhängigkeit von der Position der neuen Quellen vorhanden ist (Lage der Maxima). Jedoch unterscheiden sich die mittleren Dosisleistungen für das betrachtete Gesamtvolumen um weniger als 0,35%. Sie sind also praktisch gleich. Damit wurde der Variante A, die mit einer wesentlich einfacheren Beladetechnologie realisierbar ist, der Vorzug gegeben. Eine typische Dosisleistungsverteilung in einem Segment von 90° für eine konstante Höhe zeigt Abb. 1.

Es sei angemerkt, daß nach Kenntnis der tatsächlichen Aktivitäten der neuen Quellen mit DOSKMF2 und ISORADL ein umfangreiches Berechnungsprogramm realisiert wurde. Nach Vorgaben des Betreibers der Bestrahlungs-

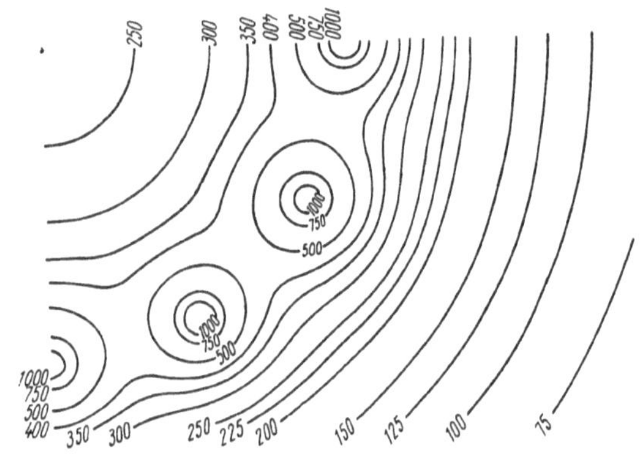

Abb. 1. Dosisleistungsverteilung in einem Segment von 90° in Höhe der Mitte der aktiven Zone

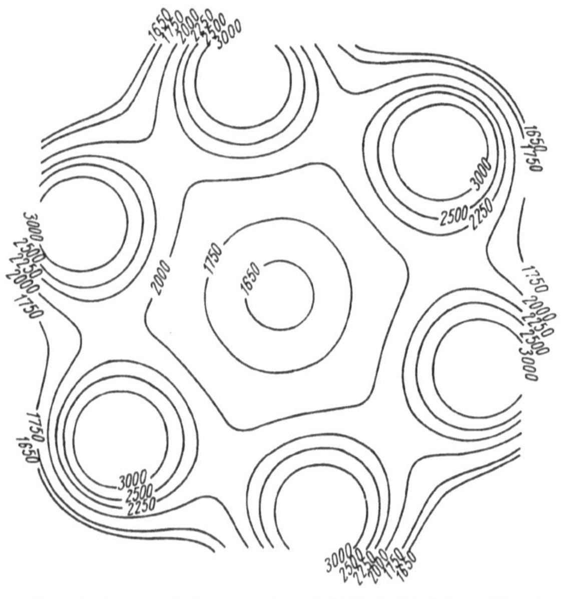

Abb. 2. Dosisleistungsverteilung in der PANORAMA-Anlage für eine Anordnung mit 6 Bestrahlungsrohren

anlage wurde ein Katalog von Dosisleistungsverteilungen für typische Bestrahlungspositionen erarbeitet. Auf dieser Grundlage lassen sich schnell Anordnungen der Bestrahlungsrohre und bestrahlten Objekte sowie Bestrahlungszeiten und Dosisleistungs- bzw. Dosisintervalle für konkrete Bestrahlungsaufgaben ableiten. Abb. 2 zeigt eine Dosisleistungsverteilung, die sich beim Einsatz von 6 Rohren ergibt.

5.3. *Entwurf von Teilsystemen industrieller Bestrahlungsanlagen*

Im Rahmen der Entwicklung und Überführung strahlenchemischer und strahlentechnischer Verfahren [13–15] wurden folgende Teilschritte bis zur Realisierung rechnerunterstützt bearbeitet:

1) Bereitstellung von Modellreaktoren für Untersuchungen im Labormaßstab,
2) Auslegung von Teilsystemen von Bestrahlungsanlagen im Pilot- oder industriellen Maßstab:
   - Entwurf von Quellenanordnungen
   - Entwurf von Quellenlagern
   - Entwurf von Reaktionsgefäßen
   - Vorgaben für biologische Abschirmungen,
3) Kontrolle der Strahlenfelder nach Fertigung der Anlage.

Aus der Vielzahl durchgeführter Berechnungen soll die Vorgehensweise an einem ausgewählten Beispiel demonstriert werden. Im Rahmen einer Verfahrensentwicklung [15] erwies sich nach entsprechenden Untersuchungen im Labormaßstab ein zylindrisches Reaktionsgefäß als geeignet. Da zum einen erforderliche Homogenitätsbedingungen durch entsprechende Durchmischung der zu bestrahlenden Flüssigkeiten erreicht werden können und zum anderen die applizierte Dosis über die Verweilzeit gesteuert werden kann, entschied man sich bei der industriellen Anlage im Sinne einer rationellen Fertigung für eine feste Anordnung von Bestrahlungsrohren.

Die Bestrahlungsrohre befinden sich in Führungsrohren, die auf dem Umfang eines Kreises innerhalb des Reaktionsgefäßes angeordnet sind.

Ausgehend von Vorgaben für den zu erreichenden Durchsatz und die zu applizierende Dosis wurde eine vorläufige Abmessung konzipiert. Danach erfolgten Variantenrechnungen, um unter Beachtung fertigungstechnischer Aspekte eine hinsichtlich der Strahlungsausnutzung optimale Anordnung zu ermitteln. Folgende Parameter wurden in die Variation einbezogen:

- Verhältnis Durchmesser/Höhe des Reaktionsgefäßes,
- Durchmesser des Kranzes der Bestrahlungsrohre,
- Anzahl der Bestrahlungsrohre und Quellen,
- Anordnung der Quellen im Bestrahlungsrohr.

Darüber hinaus wurden später notwendige Nach- und/oder Umladungen in die Betrachtung einbezogen. Daraus ergab sich die Schlußfolgerung, Rohre vorzusehen, die erst zu einem späteren Zeitpunkt beladen werden. Diesen Gedanken der vorbereiteten Nachladung findet man auch in anderen Arbeiten [8]. Die aus diesen Rechnungen resultierenden Angaben dienen dem Projektanten als Vorgabe. Gleichzeitig ist man mit dem Berechnungsmodell in der Lage, die Auswirkungen von Änderungen der Geometrie der Gesamtanlage, die eventuell vom Projektanten gefordert werden, auf die Kenngrößen Dosis und Durchsatz abzuschätzen.

5.4. *Orientierungsrechnungen*

Im Rahmen von Studien, Expertisen u. ä. zu Fragen der Nutzung von Gammastrahlung sind oft mögliche Bestrahlungsvarianten zu erörtern und auf ihre prinzipielle Eignung zu prüfen. Auch hier erweisen sich die rechentechnischen Hilfsmittel als nützlich, indem die gedanklichen Vorstellungen über die Bestrahlungsanlage in Datensätze für die Rechenprogramme umgesetzt werden. Dies sei für eine andere typische Bestrahlungsvariante demonstriert. Abb. 3 zeigt schematisch eine Paketbestrahlungsanlage mit einem System von Strahlenquellen im Zentrum. Von Interesse ist die Dosisleistungsverteilung in einem Paket oder Container nach einem oder einer definierten

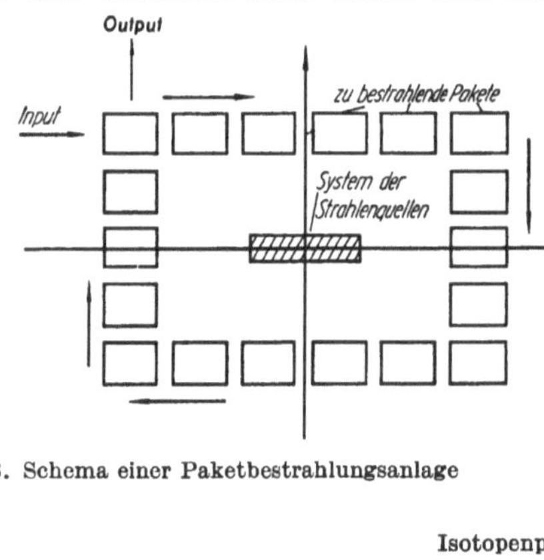

Abb. 3. Schema einer Paketbestrahlungsanlage

Anzahl von Umläufen. Als zu variierende Parameter kommen in Betracht:

- Auslegung des Quellensystems (Anzahl und Anordnung der Quellen)
- Anzahl N der möglichen Bestrahlungspositionen
- Größe der Container
- Kenngrößen der zu bestrahlenden Güter, wie z. B. maximale Produktdichte oder einzuhaltender Überdosisfaktor.

In der gegenwärtigen Version wird dieses Problem mittels DOSKMF2 auf folgende Art und Weise gelöst:

Es werden N Datensätze verarbeitet. Die Dosisleistungswerte aller berücksichtigten Feldpunkte werden zwischengespeichert. Anschließend werden diese mit einem weiteren Programm summiert sowie wiederum statistische Maßzahlen einschließlich Überdosisfaktor ermittelt. Eine typische resultierende Dosisleistungsverteilung zeigt Abb. 4.

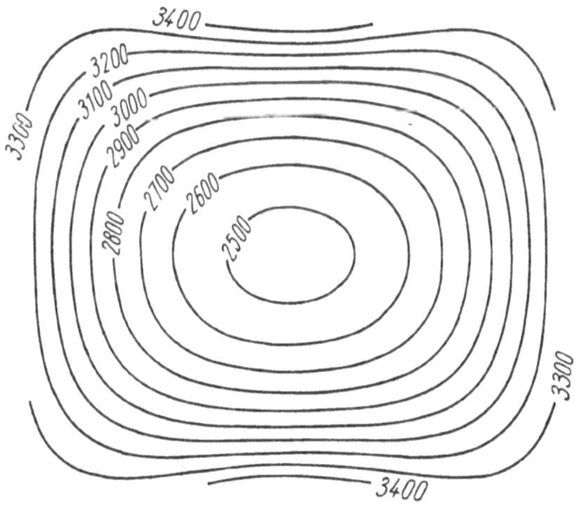

Abb. 4. Typische Dosisleistungsverteilung in einem Paket nach N Umläufen (für konstante Höhe)

5.5. *Schlußfolgerungen*

Die Nutzung rechentechnischer Mittel bei Beschreibung und Entwurf von Gamma-Bestrahlungsanlagen hat sich bewährt. Für bestehende Anlagen konnten damit sowohl wesentliche Beiträge zu einer besseren und umfassenderen Beschreibung als auch zu einer effektiveren Auslastung erbracht werden. Die Methodik der Wechselwirkung von Computerexperiment und experimenteller Dosimetrie hat sich durchgängig als tragfähig und nützlich erwiesen. Indem die Adäquatheit des Berechnungsmodells nachgewiesen wurde, waren damit gleichzeitig die Voraussetzungen für die Nutzung der erarbeiteten Programme als Projektierungshilfsmittel geschaffen. So konnte im Rahmen der Entwicklung strahlenchemischer und strahlentechnischer Verfahren frühzeitig auf die kostenbestimmenden Faktoren (Aufwendungen für die Strahlenquellen und die bauliche Hülle) Einfluß genommen werden.

Eingegangen am 4. 10. 1984

Literatur

[1] *J. L. Williams, T. S. Dunn*, Radiation Sources-Gamma, Radiat. Phys. Chem. **14** (1979) 185
[2] *V. Markovic*, Radiation Sources, Shielding and Safety, Radiat. Phys. Chem. **18** (1981) 27
[3] *A. Baur, C. Dupont, B. Tolth*, Calculation of Gamma-Rays and fast Neutrons Fluxes with the Program MERCURY-4. CEA-Conf.-4493, 1978
[4] Computer Code ANISN. NEA-Data Bank, Abstract CCC-0082/11, 1982
[5] *N. P. Taylor, J. Needham*, MORSE-II: A Revised Version of the Monte Carlo Code MORSE. AERE-R 10432, AERE HARWELL, May 1982
[6] *G. D. Stepanov*, Radiat. Phys. Chem. **18** (1981) 1361
[7] *A. Breger*, Present Status and Problems of the Gamma-Source Use in Radiation Technology. Conf. Proc., 4th. Intern. Meeting on Radiation Processing, Dubrovnik 1982, S. 81
[8] *R. S. M. Frohnsdorf*, Comments on Radiation Sterilization in the UK and on the Efficient Operation of a Gamma-Plant, ebenda, S. 198
[9] *M. Takehisa*, Radiat. Phys. Chem. **18** (1981) 159
[10] *M. Remer*, ZfI-Mitteilungen Nr. 71, S. 47
[11] *M. Remer*, Programmbeschreibung DOSKMF2, AdW der DDR, ZfI, Archivnr. 6C34J1, 1982
[12] *J. Schmidt, M. Remer*, Isotopenpraxis **20** (1984) 29
[13] *M. Bär, K. Friese, J. Reinhardt*, A Pilot Plant for the Radiation-Induced Chlorination of PVC. Conf. Proc., Industrial Application of Radioisotopes and Radiation Technology, Grenoble, 1981, IAEA-CN-40-29P
[14] *M. Bär*, u. a. A Pilot-Plant for the Radiation-Induced Chlorination of PVC-Experience and Results, held at the 2nd Working Meeting "Radioisotope Application and Radiation Processing in Industrie", Leipzig 1982
[15] *G. Enfeld, H. Hoffmeister, J. Reinhardt, M. Wölbing*, Reduction of Bacterial Count of Enzyme Solutions by Gamma Radiation, ebenda

Kurze Originalmitteilungen

Isotopenpraxis **21** (1985) 7, S. 251 bis 253

Untersuchungen zur Desorption des ^{99}Mo von Aluminiumoxid

G. Bernhard, O. Hladik

(Akademie der Wissenschaften der DDR, Zentralinstitut für Kernforschung Rossendorf)[1])

Keywords

aluminium oxides; desorption; molybdenum 99; separation processes

In der Anlage zur ^{99}Molybdän-Produktion Rossendorf wird das ^{99}Mo nach der salpetersauren Auflösung eines 200 h im Rossendorfer Forschungsreaktor eingesetzten originalen Brennelements durch einen Adsorptions-Desorptionsprozeß an Al_2O_3 separiert [1]. Bei der Abtrennung des ^{99}Mo aus dieser Lösung wird die Tatsache genutzt, daß von den 36 Elementen, die bei der Kernspaltung entstehen, nur wenige in saurer Lösung als Anion vorliegen. Dies sind

[1]) Anschrift: 8051 Dresden, PF 19

im wesentlichen die Elemente Molybdän, Technetium, Tellur, Iod, Ruthenium und Antimon. Diese Spaltproduktanionen sind in der Lösung neben einer Vielzahl von Spaltproduktkationen, den Al^{3+}- und UO_2^{2+}-Ionen vorhanden. Durch die stufenweise Veränderung der Acidität bzw. Basizität des Aluminiumoxids können die Anionen von den Kationen und die Anionen untereinander getrennt werden.

Während die Adsorption des ^{99}Mo an Al_2O_3 von den unterschiedlichen Prozeßparametern her untersucht wurde [2, 3], stehen Ergebnisse zur Desorption bisher kaum zur Verfügung [4].

Versuchsdurchführung

Zur ^{99}Mo-Adsorption werden die zu untersuchenden Lösungen mit 1,6 g Al_2O_3 (sauer) (VEB Chemiewerk Greiz-Dölau) in einer Kapsolutflasche geschüttelt. Danach wird der Flascheninhalt in eine Generatorsäule entleert und das Al_2O_3 in der Reihenfolge mit 5 ml 0,1 N HNO_3, 5 ml H_2O und 5 ml 0,01 N NH_3-Lösung gewaschen. Zur Desorption werden 10 ml der entsprechenden Elutionslösung über die Säule gegeben.

Der Verteilungskoeffizient der Desorption K_{dD} errechnet sich zu:

$$K_{dD} = \frac{A_E \cdot m_A}{A_A \cdot V_E}$$

A_E = Aktivität ^{99}Mo im Eluat, Bq
A_A = Aktivität des am Al_2O_3 adsorbierten ^{99}Mo, Bq
V_E = Eluatvolumen, ml
m_A = Masse Al_2O_3, g

Ergebnisse

In der Regel wird Ammoniaklösung zur Desorption des am Al_2O_3 adsorbierten ^{99}Mo eingesetzt. In Abb. 1 ist die Abhängigkeit des eluierten Anteils der ^{99}Mo-Aktivität vom Elutionsvolumen (1 N NH_3-Lösung) dargestellt. Es werden mehr als 90% des adsorbierten ^{99}Mo desorbiert, wenn das Eluatvolumen dem vierfachen Säulentotvolumen (ca. 1 ml) entspricht.

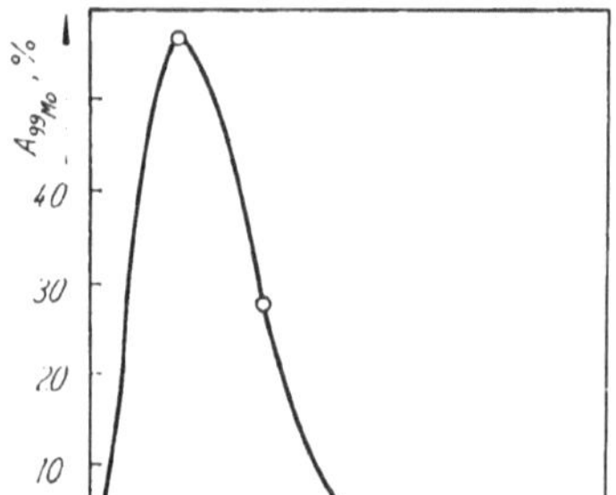

Abb. 1. Abhängigkeit der ^{99}Mo-Elution vom NH_3-Volumen beim Säulenprozeß

Abb. 2 zeigt die Abhängigkeit des eluierbaren Anteils der ^{99}Mo-Aktivität von der NH_3-Konzentration bei unterschiedlichen Elutionsvolumina. Es ist festzustellen, daß eine Ammoniakkonzentration von 1 N zur Desorption ausreichend ist. Soll das Elutionsvolumen bedeutend gesenkt werden, ist eine Elution mit Lauge nötig. So werden mit 2 ml 5,5 N NaOH schon ca. 90% des adsorbierten ^{99}Mo

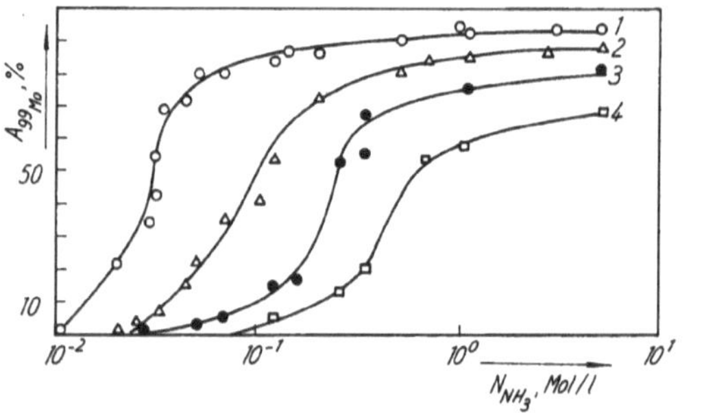

Abb. 2. Abhängigkeit des eluierbaren ^{99}Mo von der NH_3-Konzentration bei unterschiedlichen Elutionsvolumina
1 – 20 ml; 2 – 10 ml; 3 – 5 ml; 4 – 2 ml

desorbiert, während mit 1 N NH_3-Lösung nur ca. 60% eluierbar sind. Für den Separationsprozeß des ^{99}Mo vom Al_2O_3 ist die Anwendung von NaOH als Elutionsmittel ungünstig, da vor allem aus dem Spaltproduktgemisch mitadsorbiertes ^{132}Te dann mit desorbiert wird. Aus den Ergebnissen wird deutlich, daß die Konzentration der NH_3-Lösung während des Wasch- und Neutralisationsprozesses $\leq$0,01 N sein sollte, da sonst schon eine erhebliche ^{99}Mo-Desorption eintreten kann.

Tab. 1. Abhängigkeit des K_{dD}-Wertes für ^{99}Mo von den Adsorptionsbedingungen

Adsorptionsbedingungen	K_{dD}-Wert
0,1 N HNO_3; 25 °C	0,078
0,3 N HNO_3; 25 °C	0,076
0,8 N HNO_3; 25 °C	0,074
1,5 N HNO_3; 25 °C	0,073
1,0 N $Al(NO_3)_3$; 25 °C	0,075
1,6 N $Al(NO_3)_3$; 0,02 N $UO_2(NO_3)_2$	0,074
Targetelementlösung [5]	0,079
0,1 N HNO_3; 90 °C	0,032
0,1 N HNO_3; 60 °C	0,048

In Tab. 1 ist die Abhängigkeit des K_{dD}-Wertes für ^{99}Mo von den Adsorptionsbedingungen dargestellt. Eluiert wurde mit 1 N NH_3-Lösung. Es ist zu erkennen, daß der Verteilungskoeffizient der Desorption wenig abhängig von den Adsorptionsbedingungen, außer vom Temperatureffekt [4], ist. Das bedeutet, daß gleiche Desorptionsbedingungen vorausgesetzt, die chemische Form der adsorbierten ^{99}Mo-Aktivität gleich ist. Tritt die gebundene ^{99}Mo-Aktivität in chemische Reaktionen ein, ist die erreichbare Desorption geringer. In Abb. 3 ist die Abhängigkeit des Anteils der desorbierbaren ^{99}Mo-Aktivität von der Zeitdauer der Bindung dieser Aktivität an das gewaschene, getrocknete Al_2O_3 dargestellt. Nach einer Zeit von ca. 50 h sind nur noch 70% der adsorbierten ^{99}Mo-Aktivität desorbier-

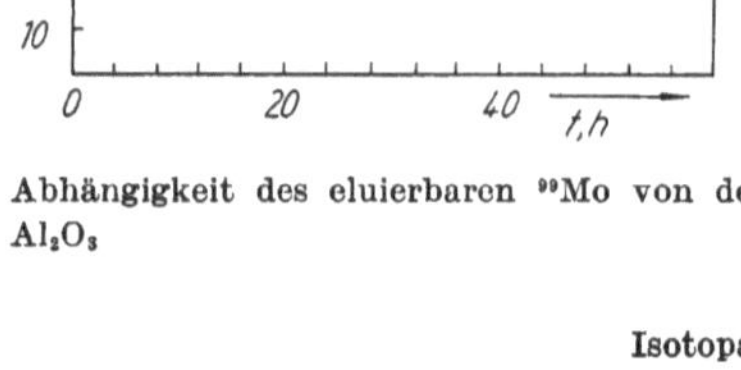

Abb. 3. Abhängigkeit des eluierbaren ^{99}Mo von der Bindungszeit am Al_2O_3

bar. Es kann angenommen werden, daß chemische Reaktionen (Reduktion, Polykondensation) dafür verantwortlich sind.

Diskussion

Für die Einschätzung der Wirksamkeit des Separationsprozesses des ^{99}Mo am Al_2O_3 sind sowohl Kenntnisse über das Adsorptions- als auch das Desorptionsverhalten von Bedeutung. Während die Desorption des ^{99}Mo kaum von den Adsorptionsbedingungen abhängig ist, zeigt sich eine starke Abhängigkeit von der Basizität des Elutionsmittels. 1 ... 2 N NH_3-Lösung hat sich innerhalb dieses Trennprozesses als Elutionsmittel besonders in bezug auf die weitere Feinreinigung [6] des ^{99}Mo bewährt.

Eingegangen am 26. 9. 1984

Literatur

[1] *G. Bernhard, O. Hladik* et al., Report ZfK-518 (1984)
[2] S. *El Bayoumi, O. Hladik, R. Münze*, Isotopenpraxis **9** (1973) 131
[3] *W. D. Tucker, W. M. Greene, A. P. Murrenhoff*, Atompraxis 8 (1962) 163
[4] *G. Bernhard*, Isotopenpraxis **19** (1983) 351
[5] *R. Münze, O. Hladik, G. Bernhard, W. Boeßert, R. Schwarzbach*, Int. J. Appl. Radiat. Isot. **35** (1984) 749
[6] *G. Bernhard, W. Boeßert, O. Hladik, R. Schwarzbach*, Kernenergie, im Druck

Isotopenpraxis **21** (1985) 7, S. 253 bis 254

Hydrolyse von Uranylionen in Lösungen verminderter Wasserkonzentration

G. Geipel, D. Nebel

(Zentralinstitut für Kernforschung Rossendorf)[1])

Keywords

dioxane; hydrolysis; potentionetry; spectrophotometry; uranyl compounds

Uranylsalzlösungen reagieren unter normalen Bedingungen schwach sauer. Dies ist eine Folge der in der Lösung stattfindenden Hydrolyse der Uranylionen. Auch in Lösungen verminderter DK findet diese Hydrolyse statt [1–3].

Das Hydrolysegleichgewicht des Uranylions in Wasser-Dioxan-Mischungen wurde durch pH-Messung mit Hilfe der Gaselektrode und auf spektrophotometrischem Weg untersucht.

Die pH-Messung wurde mit Ketten mit Überführung der Art Gaselektrode/Elektrolytlösung in wäßrig-organischem Medium/BE durchgeführt. Die Funktionstüchtigkeit dieser Ketten wurde in der Arbeit von Baraniak [4] nachgewiesen. Die Kette wurde mit HCl in Abhängigkeit vom Dioxangehalt geeicht.

Es konnte festgestellt werden, daß das hauptsächliche Gleichgewicht für die Hydrolyse des Uranylions im Chloridmedium durch die Reaktion

$$UO_2(H_2O)_x^{++} + H_2O \rightleftharpoons UO(H_2O)_{x-2}(OH)^+ + 2\,H_2O + H^+ \quad (1)$$

wiedergegeben wird.

Für die zugehörige Gleichgewichtskonstante gilt

$$K_H = \frac{[UO_2(OH)(H_2O)_{x-2}^+] \cdot [H^+] \cdot [H_2O]}{[UO_2(H_2O)_x^{++}]} \quad (2)$$

Daraus kann folgende Gleichung abgeleitet werden, bei der die Konzentration des Wassers in der Lösung die Variable darstellt:

$$\lg K_H^* = \lg K_H - \lg [H_2O] \quad (3)$$

Weiterhin gilt, wenn der zu messenden Lösung keine HCl zugesetzt wird:

$$[UO_2(OH)(H_2O)_{x-2}^+] = [H^+] = 10^{-pH} \quad (4)$$

Die zur Berechnung von K_H noch fehlende Konzentration an Uranylionen in der Lösung wird aus dem Dissoziationsgrad des

$$[UO_2(H_2O)_x^{++}] = \alpha \cdot C_{ges,\,UO_2^{++}} \quad (5)$$

ermittelt.

Den Dissoziationsgrad erhält man überschlägig aus Extinktionsmessungen nach folgender Gleichung

$$\alpha = \frac{\varepsilon_s - \varepsilon_{UO_2Cl_2}}{\varepsilon_{UO_2Cl_2} - \varepsilon_{UO_2^{++}}} \quad (6)$$

Dabei bedeuten ε_s den Extinktionskoeffizienten der Meßlösung, $\varepsilon_{UO_2Cl_2} = 18{,}6$ den Extinktionskoeffizienten des undissoziierten Uranylchlorids und $\varepsilon_{UO_2^{++}} = 6{,}52$ den Extinktionskoeffizienten des Uranylions. Die Bildung von UO_2Cl^+ wird dabei vernachlässigt. Die aus den Meßergebnissen berechneten Werte für K_H sind in Abb. 1 entsprechend Gl. (3) dargestellt. Wie aus der Reaktionsgleichung zu erwarten ist, beträgt der Anstieg der Geraden etwa −1.

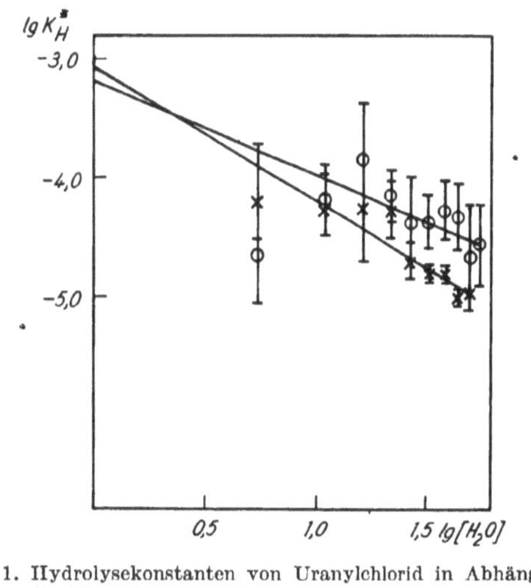

Abb. 1. Hydrolysekonstanten von Uranylchlorid in Abhängigkeit von der Wasserkonzentration

[1]) Anschrift: 8051 Dresden, PF 19

Als unabhängige Methode zur Bestimmung des Hydrolysegleichgewichts wurde die Spektrophotometrie eingesetzt.

Während bei der pH-Bestimmung Lösungen unterschiedlicher Uranylchloridkonzentration in Abhängigkeit vom Dioxangehalt gemessen wurden, wurde bei den spektrophotometrischen Messungen die Uranylchloridkonzentration konstant gehalten und bei unterschiedlichen HCl-Konzentrationen die Extinktion ermittelt.

Die gleichzeitig in der Lösung auftretende Komplexbildung wurde auf graphischem Weg eliminiert, indem der Extinktionsverlauf von stark HCl-haltigen Uranylchloridlösungen bei dem jeweiligen Dioxangehalt auf den in den Untersuchungen der Hydrolyse angewendeten HCl-Gehalt extrapoliert und abgezogen wurde.

Mit den Extinktionskoeffizienten für das solvatisierte Uranylion $\varepsilon_{UO_2^{++}} = 6,52$ und für das Hydrolyseprodukt $\varepsilon_{UO_2(OH)^+} = 120$ bei einer Wellenlänge von $\lambda = 418$ nm lassen sich die Konzentrationen dieser Teilchen berechnen. Es gilt:

$$E = \varepsilon_{UO_2^{++}} \cdot [UO_2^{++}] + \varepsilon_{UO_2(OH)^+} \cdot [UO_2(OH)^+] \quad (7)$$

$$\alpha \cdot C_{ges} = [UO_2^{++}] + [UO_2(OH)^+] \quad (8)$$

Die Konzentration der H^+-Ionen ergibt sich aus der Konzentration des zugesetzten HCl und dessen Aktivitätskoeffizienten [5] sowie dem gebildeten Hydrolyseprodukt

$$[H^+] = f_{\pm} \cdot [HCl] + [UO_2(OH)^+] \quad (9)$$

Die mit beiden Methoden berechneten Hydrolysekonstanten K_H^* sind in Tab. 1 angegeben.

Auch in den spektrophotometrischen Ergebnissen zeigt sich ein linearer Verlauf für die Gerade $\lg K_H^* = f(\lg[H_2O])$ (Abb. 1). Der Anstieg beträgt ebenfalls etwa -1 und bestätigt somit die Ergebnisse der pH-Messung.

Durch Ausgleichsrechnung findet man aus dem Ordinatenabschnitt ($\lg[H_2O] = 0$) die Gesamthydrolysenkonstante zu

$$K_H = 7,6 \cdot 10^{-4}$$

Daraus kann die Schlußfolgerung gezogen werden, daß bei Anlagerung eines OH^--Ions an das UO_2^{++} insgesamt zwei Wassermoleküle aus der gemeinsamen Solvathülle abgegeben werden.

Tab. 1. Hydrolysekonstanten von UO_2Cl_2 in Wasser-Dioxan-Gemischen

% Dioxan	pK_H	
	pH-Messung	Spektrophotometrie
0	5,20 ± 0,05	4,54 ± 0,35
10	4,99 ± 0,04	4,68 ± 0,45
20	5,01 ± 0,07	4,33 ± 0,28
30	4,82 ± 0,06	4,19 ± 0,25
40	4,82 ± 0,06	4,38 ± 0,12
50	4,71 ± 0,16	4,38 ± 0,38
60	4,28 ± 0,25	4,15 ± 0,22
70	4,26 ± 0,42	3,84 ± 0,47
80	4,22 ± 0,26	4,19 ± 0,30
90	4,11 ± 0,40	4,67 ± 0,43

Vergleicht man die ermittelte Hydrolysekonstante in wäßriger Lösung ($pK_H^* = 5,04$) mit den in der Literatur [6, 7] angegebenen Werten, ($pK_H = 5,3-5,7$) so liegt die Übereinstimmung innerhalb einer Größenordnung. Die relativ geringen Differenzen sollten aus dem verwendeten Medium resultieren. Die Literaturdaten wurden in 0,5 bis 5 M NO_3^--Lösungen ermittelt, während bei unseren Messungen Chloridionen in der Lösung vorhanden waren, die unterschiedliche Komplexbildungsneigung zum UO_2^{++} aufweisen. Der Einfluß der Ionenstärke ist, wie ein Vergleich der Literaturwerte untereinander zeigt, relativ gering.

Eingegangen am 30. 7. 1984
überarbeitete Fassung am 29. 1. 1985

Literatur

[1] *J. Sutton*, J. Chem. Soc. (London) Suppl. Issue (1949) 275
[2] *J. M. Rush, J. S. Johnson*, J. Phys. Chem. 67 (1963) 821
[3] *J. T. Bell, R. E. Biggers*, J. Molecul. Spect. 22 (1967) 262
[4] *L. Baraniak*, Dissertation, TU Dresden 1977
[5] *H. S. Harned, B. B. Owen*, The Physical Chemistry of Electrolytic Solutions, New York, Reinhold Publ. Corp. 1958
[6] *C. F. Baer*, Jr., *N. J. Meyer*, Inorg. Chem. 1 (1962) 780
[7] *U. Schechin, M. Frydman*, Acta Chem. Scand. 22 (1968) 115

Isotopenpraxis 21 (1985) 7, S. 254 bis 256

Der Einfluß von Dioxan auf die polarographische Reduktion von Uranylionen

G. Geipel, D. Nebel

(Zentralinstitut für Kernforschung Rossendorf)[1]

Keywords

complexes; dioxane; polarography; uranyl complexes

Die polarographische Reduktion von UO_2Cl_2 in Dioxan-Wasser beeinflußt neben kinetischen Effekten auch die Aktivität des dissoziierten Uranylsalzes. Damit gestatten polarographische Messungen, Reversibilität des Elektrodenprozesses vorausgesetzt, auch Aussagen, die für die Komplexbildung und Hydrolyse des Uranylions von Interesse sind.

In Abb. 1 ist das Halbstufenpotential von UO_2^{++} in Abhängigkeit von der Dioxankonzentration der Lösung dargestellt. Als Leitelektrolyt diente 0,1 M $NaClO_4$ und 0,4 M HCl.

[1]) Anschrift: 8051 Dresden, PF 19

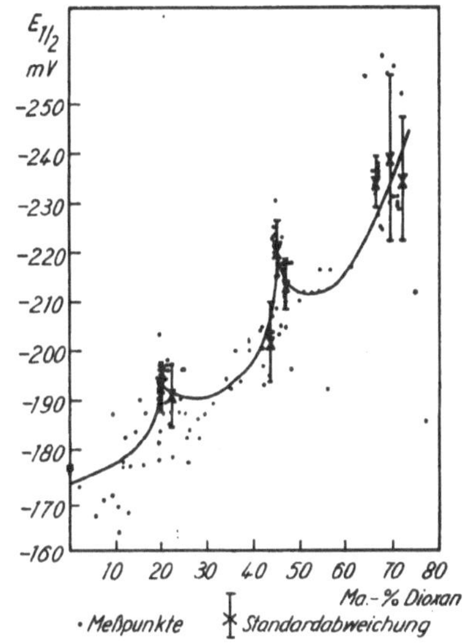

Abb. 1. Halbstufenpotential von UO_2Cl_2

Das Halbstufenpotential wird mit der Erhöhung der Dioxankonzentration stetig zu negativeren Werten verschoben. Hierbei sind zwei Maxima, bei 20% und 45% Dioxan, ersichtlich. Betrachtet man die stetige Veränderung des Halbstufenpotentials als Folge der sich verändernden Komplexbildung, so muß sich die Verschiebung durch den Einfluß der Wasserkonzentration beschreiben lassen.

Für das Komplexgleichgewicht des oxydierten Teilchens wurde folgende Reaktion gefunden [1]:

$$[UO_2(H_2O)_x]^{++} + 2\,[Cl(H_2O)_y]^- \rightleftharpoons [UO_2Cl_2(H_2O)_{x+2y-6}] + 6\,H_2O \qquad (1)$$

Analog kann man für das an der Tropfelektrode gebildete, reduzierte Teilchen schreiben:

$$[UO_2(H_2O)_u]^+ + [Cl(H_2O)_y]^- \rightleftharpoons [UO_2Cl(H_2O)_{u+y-w}] + w\,H_2O \qquad (2)$$

Für die Reduktion an der Quecksilbertropfelektrode gilt unter Voraussetzung eines reversiblen Einelektronenprozesses:

$$[UO_2(H_2O)_x]^{++} + e^- \rightleftharpoons [UO_2(H_2O)_u]^+ + (x-u)\,H_2O \qquad (3)$$

Diese Gleichung gilt exakt bis zu einem Dioxangehalt von 20%, bei höheren Dioxangehalten steigt die aus den Polarogrammen ermittelte Bruttoelektronenübergangszahl an. Es zeigt sich jedoch, daß die Meßergebnisse auch bei $n > 1$ befriedigend beschrieben werden können.

Auf die Komplexgleichgewichte kann das MWG angewandt werden. Man erhält:

$$K_{Ox} = \frac{[UO_2Cl_2(H_2O)_{x+2y-v}] \cdot [H_2O]^v}{[UO_2(H_2O)_x^{++}] \cdot [Cl(H_2O)_y^-]^2} \qquad (4)$$

$$K_{Red} = \frac{[UO_2Cl(H_2O)_{u+y-w}] \cdot [H_2O]^w}{[UO_2(H_2O)_u^+] \cdot [Cl(H_2O)_y^-]} \qquad (5)$$

Die beteiligten Liganden sollen dabei stets im Überschuß vorliegen. Das Potential des Redoxsystems ist durch die *Peters*sche Gleichung gegeben:

$$E = E_0 - \frac{RT}{F} \ln \frac{[UO_2^{++}]_0}{[UO_2^+]_0} \qquad (6)$$

Durch Einführen von Gl. (4) und (5), der *Ilkovic'*-Gleichung und der Bedingung für das Halbstufenpotential erhält man

$$E_{1/2} = E_0 + \frac{RT}{2F} \ln \frac{D_{Red}}{D_{Ox}} - \frac{RT}{F} \ln \frac{K_{Ox}}{K_{Red}} - (w-v)\frac{RT}{F} \ln [H_2O] - \frac{RT}{F} \ln [Cl^-] \qquad (7)$$

Da D_{Ox} D_{Red} gesetzt werden kann und die Assoziation des zugesetzten HCl über die Aktivitätskoeffizienten berücksichtigt wird, ergibt sich nach Einführen des dekadischen Logarithmus (Potentialwerte in mV):

$$E_{1/2} = E_0 - 59{,}2 \lg \frac{K_{Ox}}{K_{Red}} - 59{,}2\,(w-v) \times \lg [H_2O] - 59{,}2 \lg [HCl] - 59{,}2 \lg f_\pm \qquad (8)$$

Diese Gleichung kann in die graphisch auswertbare Form

$$E = E_{1/2} + 59{,}2\,\mathrm{lf}\,[HCl] + 59{,}2 \lg f_\pm = B + A \times \lg [H_2O] \qquad (9)$$

mit

$$B = E_0 - 59{,}2 \lg \frac{K_{Ox}}{K_{Red}}$$

$$A = 59{,}2(v-w)$$

gebracht werden.

Die Konstante K_{Ox} ist aus spektrophotometrischen Untersuchungen bekannt. Sie beträgt $K_{Ox} = 6{,}3 \cdot 10^{11}$.

Die Abhängigkeit von $E = f(\lg [H_2O])$ zeigt Abb. 2. Aus der Regressionsrechnung folgt für

$$A = 184 \pm 4 \text{ mV}$$

$$B = -521 \pm 6 \text{ mV}.$$

Daraus erhält man $w = 3{,}3 \pm 0{,}3$ und $K_{Red} = 5{,}2 \cdot 10^5$.

Das bedeutet, daß auch im Komplexgleichgewicht des UO_2^+-Ions drei Wassermoleküle aus der gemeinsamen Solvathülle bei Anlagerung eines Chloridions abgegeben werden.

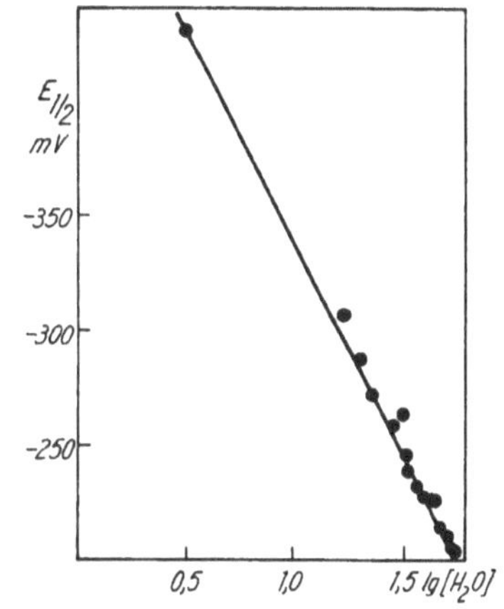

Abb. 2. Abhängigkeit des korregierten Halbstufenpotentials von UO_2Cl_2 vom Logarithmus der Wasserkonzentration

K_{Red} stellt die von der Wasserkonzentration unabhängige Konstante für die Gleichgewichtsreaktion (2) dar.

Eine weitere Besonderheit der Reduktion des Uranylions an der DME in HCl-haltigen Lösungen wurde bereits angedeutet. Mit steigendem Dioxangehalt nimmt die aus den Polarogrammen entnommene Bruttoelektronenübergangszahl zu. Abb. 3 zeigt dies graphisch. Da bei der Reduktion

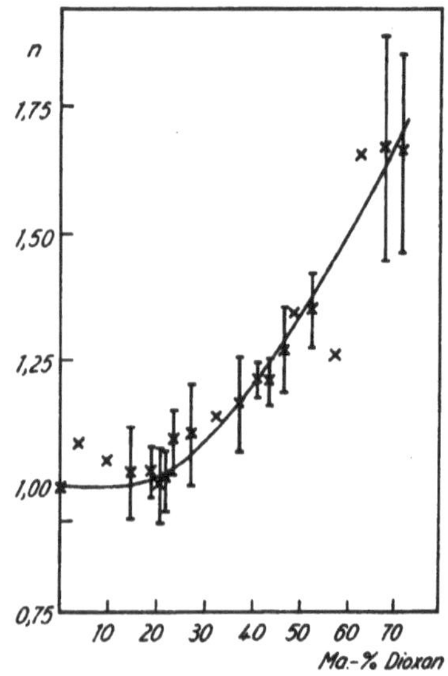

Abb. 3. Elektronenübergangszahlen n von UO_2Cl_2
● – 0 % Dioxan; ○ – 50 % Dioxan; □ – 10 % Dioxan; △ – 70 % Dioxan; × – 25 % Dioxan

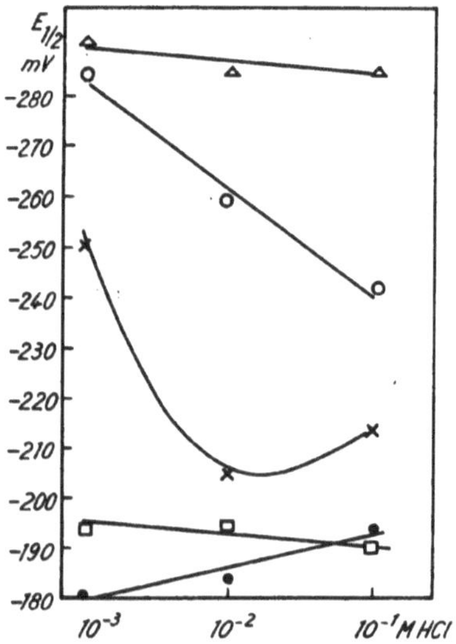

Abb. 4. Abhängigkeit des Halbstufenpotentials des UO_2Cl_2 von der HCl-Konzentration

nur ganzzahlige Werte für n auftreten können, überlagert sich dem beschriebenen Elektrodenvorgang zunehmend die Reduktion des Uranylions zum vierwertigen Uran. Die U–O-Bindung wird zerstört, der freiwerdende Sauerstoff wird mit Hilfe von H^+-Ionen abgefangen. Das bedeutet, daß die Elektrodenreaktion pH-abhängig werden muß. Abb. 4 zeigt die Abhängigkeit des Halbstufenpotentials bei einigen Dioxankonzentrationen von der Konzentration der zugesetzten HCl. Es ist bekannt, daß mit steigendem Dioxangehalt, damit steigendem Elektronenübergangszahl, auch die Abhängigkeit des Halbstufenpotentials von der Konzentration der in der Lösung vorhandenen Wasserstoffionen zunimmt. Es ergibt sich somit ein Übergang der Elektrodenreaktion von

$$UO_2^{++} + e^- \rightleftharpoons UO_2^+ \qquad (10)$$

in wäßriger Lösung zu dem Prozeß

$$UO_2^{++} + 2\,e^- + H^+ \rightleftharpoons UO(OH)^+ \qquad (11)$$

in stark dioxanhaltigen Lösungen.

Das angenommene Reaktionsprodukt $UO(OH)^+$ tritt ebenfalls im Disproportionierungsmechanismus des UO_2^+ auf [2]. Das heißt also, daß die Disproportionierung des UO_2^+ in dioxanhaltigen Lösungen zugunsten der Reduktion des Uranylions zu vierwertigen Uranspezies zurückgedrängt wird.

Die Untersuchungen bestätigen also einerseits die bereits gefundenen Komplexbildungsgleichgewichte des UO_2^{++} Andererseits konnte das Komplexbildungsgleichgewicht des UO_2^+ ermittelt werden. Weiterhin konnte die Veränderung der Elektrodenreaktion unter dem Einfluß von organischen Lösungsmittelkomponenten nachgewiesen werden.

Eingegangen am 30. 7. 1984
überarbeitete Fassung am 29. 1. 1985

Literatur

[1] *G. Geipel, D. Nebel, L. Baraniak*, Isotopenpraxis **21** (1985) 240
[2] *B. Mc Duffie, N. C. Reilley*, Anal. Chem. **38** (1966) 1881

Aus der Praxis

Isotopenpraxis **21** (1985) 7, S. 256 bis 257

Verbesserte Stickstoff-Umfülltechnik an Ge(Li) Halbleiterdetektoren

Keywords

cryogenic fluids; gamma spectrometers; nitrogen; semiconductor detectors

1. Einleitung

Hochauflösende Halbleiter-Detektorsysteme (Ge(Li), Si(Li), Ge(LEPS)) arbeiten bei einer Betriebstemperatur von 77 °K, sie werden mit flüssigen Stickstoff gekühlt. Das Fassungsvermögen der Dewargefäße beträgt für großflächige Kristalle meist 30 l. Die mittlere Abdampfrate, abhängig vom Vakuum (Alterserscheinung) des Doppelmantelgefäßes, wird mit 1,1 bis 3,0 l/d angegeben [1]. Zur Erhaltung der Qualtätsparameter (Energieauflösung, Ansprechvermögen), besonders bei lithiumgetrifteten Detektoren, ist die ständige Kühlung unerläßlich [2], d. h., der Rhythmus der Stickstoffnachfüllung, im diskontinuierlichen Betrieb alle 7 bis 10 Tage, ist konsequent einzuhalten. Das Umfüllen des flüssigen Stickstoffs in die Dewargefäße erfolgt aus Transport- und/oder Vorratsgefäßen (z. B. Transportgefäße für 50 l (25 l), Typ NDZ 50 des VEB Kältetechnik Niedersachsenwerfen, Leermasse 35 kp, Vollmasse 85 kp), die sich durch niedrige Abdampfraten auszeichnen.

2. Umfülltechniken

Der Stickstofftransport vom Vorrats- in das Detektor-Dewargefäß wird in der Regel durch Erzeugung eines Überdruckes $< 1 \cdot 10^{-1}$ MPa im Vorratsgefäß mittels Thermoheber (20 W Heizung) oder Gasdruckheber (Stickstoff [1]) realisiert, die Dauer des Umfüllens (20 bis 25 l) beträgt 10–15 min.

Diese Umfülltechniken sind üblich für alle Detektor-Dewarsysteme die einen gekrümmten Stickstoffeinlaß (Abb. 1) aufweisen, sie sind aber nicht geeignet für solche Dewarsysteme, die nur einen geraden (horizontalen) Stickstoffeinlaß (Abb. 2) besitzen. Das betrifft besonders die Ge(Li)-Halbleiterdetektoren aus dem Institut für Kernforschung in ŘEŽ, ČSSR.

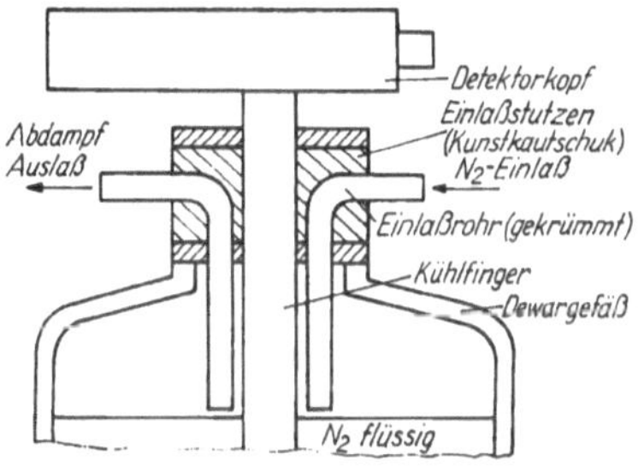

Abb. 1. Dewarsystem mit gekrümmten N_2-Einlaß

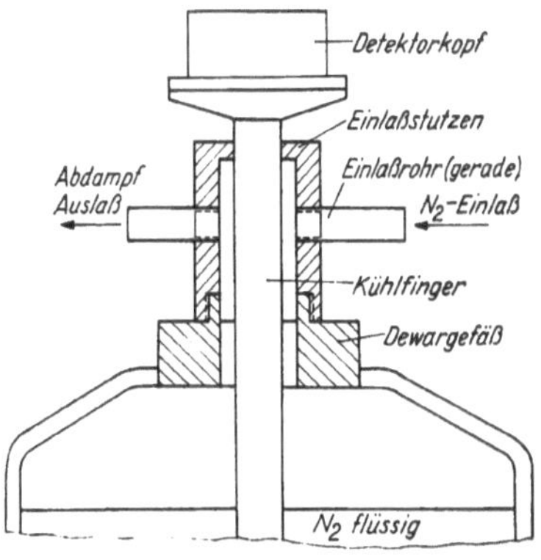

Abb. 2. Dewarsystem mit geraden N_2-Einlaß

Durch den geringen Zwischenraum vom Einlaßstutzen zum Kühlfinger (5 mm) und der horizontal direkt auf den Kühlfinger gerichteten Einlaßrichtung, kann der umgepumpte Stickstoff nicht schnell genug abfließen, es bildet sich im Einlaßstutzen ein Stau, und erhebliche Mengen (etwa 20%) des eingefüllten Stickstoffs laufen durch den Auslaß sofort ab. Das ist uneffektiv und stellt eine Gefahrenquelle (Verbrennungen) dar.

Diese Nachteile werden in der Praxis umgangen, indem der Detektor einschließlich Kühlfinger aus dem Dewar gehoben (Zeitdauer –5 min, lt. Hersteller) und der Stickstoff aus dem Vorratsgefäß von Hand direkt in das Dewargefäß geschüttet wird. Diese Methode birgt die Gefahr der Verbrennungen, sie ist kraftaufwendig (2 Arbeitskräfte heben, halten und kippen ein Vorratsgefäß von 50 kp über einen Zeitraum von 5 min), und die Verwendung der ökonomischen größeren Vorratsgefäße mit 50 l Inhalt ist ausgeschlossen.

3. Verändertes Einlaßsystem

Die Nutzung der o. g. bekannten selbsttätigen Umfülltechniken (Überdruck) für Detektor-Dewarsysteme mit geraden Stickstoffeinlaß (Abb. 2) wird möglich, wenn das Einlaßrohr (10 mm Durchmesser, eingeschraubt) so verändert wird, daß die Einfüllrichtung zwangsweise im Dewar nach unten gerichtet ist. Das bedarf nur einer geringfügigen Veränderung des Einlaßrohres. Das Gewinde M10 wird um 5 mm nachgeschnitten, das Rohr gewindeseitig mit einer Messingplatte zugelötet und in den Rohrmantel eine 5 bis 8 mm große Öffnung so eingearbeitet, daß diese bei eingeschraubten Rohr in den Einlaßstutzen stets nach unten zeigt (Abb. 3.).

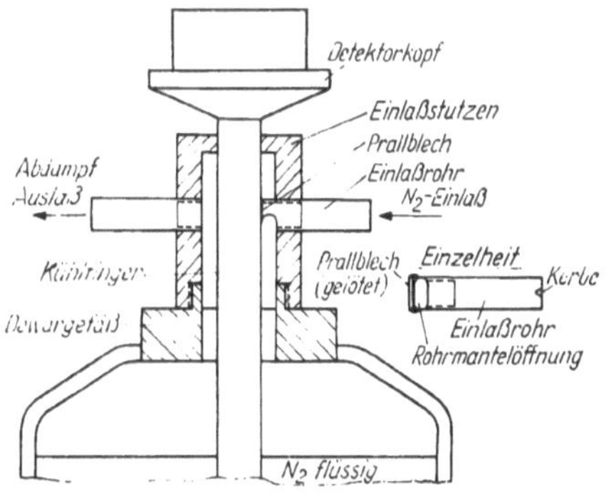

Abb. 3. Verändertes N_2-Einlaßsystem

Das Prallblech lenkt den Stickstoff durch die Rohrmantelöffnung zwangsgerichtet nach unten. Am äußeren Rand des Einlaßrohres ist von außen stets sichtbar eine Kerbe eingearbeitet, die die Lage der Rohröffnung anzeigt.

Diese geringfügige Änderung am Einlaßrohr hat sich bewährt, die o. g. selbsttätigen Umfülltechniken sind einsetzbar.

S. Rieedl

Zentralinstitut für Isotopen- und Strahlenforschung der AdW der DDR, Bereich Strahlenforschung, Abt. SF 5, Leipzig

Eingegangen am 25. 5. 1984

Literatur

[1] Betriebsanleitung für Halbleiterdetektoren, Fa. ORTEC

[2] *H. Büker*, Theorie und Praxis der Halbleiterdetektoren für Kernstrahlung Berlin: Springer Verlag 1971

Isotopenpraxis 21 (1985) 7, S. 257 bis 259

Tagungsberichte

„Third Working Meeting on Radiation Interaction" vom 24.—28. September 1984 in Leipzig

Mit dem „Third Working Meeting on Radiation Interaction" wurde eine im Jahre 1977 in Gera durch das Zentralinstitut für Isotopen- und Strahlenforschung (ZfI) der AdW, Leipzig, ins Leben gerufene und 1980 in Leipzig weitergeführte Konferenzreihe auf dem Gebiet der Strahlenforschung — die einzige dieser Art in der DDR — auf gutem wissenschaftlichen Niveau fortgesetzt.

An der Tagung nahmen insgesamt 125 Wissenschaftler,

davon 51 aus dem sozialistischen und 8 aus dem nichtsozialistischen Ausland sowie 66 aus der DDR teil und berichteten über ihre Arbeiten in den Sektionen

- Grundlagen- und angewandte Forschung der Strahlenchemie und -technik (52 Vorträge)
- strahlenphysikalische Prozesse in Gasen und festen Stoffen (29 Vorträge)
- angewandte Strahlenbiologie (34 Vorträge)

Dabei wurden aktuelle und neueste Ergebnisse der Grundlagen- und angewandten Forschung sowie der Strahlentechnik vorgestellt. Die erstmals in das Programm aufgenommene Strahlenbiologie stellte eine echte Bereicherung dar.

Dem Sektionsprogramm waren drei Plenarvorträge vorangestellt. Im ersten dieser Beiträge gab der Direktor des ZfI, *K. Wetzel*, eine beeindruckende Übersicht über die ganze Breite der Strahlenforschung und -nutzung im Veranstalterinstitut und hob besonders interessante Einzelergebnisse hervor. Der Plenarvortrag von *A. Charlesby* (GB) brachte wertvolle Informationen über die Charakterisierbarkeit von Strahlungseffekten in Polymeren mittels gepulster NMR-Spektroskopie, womit auch temporäre Verknäuelungen und Strukturen der Netzwerkbildung nachgewiesen werden können und woraus sich Schlüsse auf die viskoelastischen Eigenschaften der Polymeren ziehen lassen. Der Beitrag von *Y. Tabata* (Japan) beinhaltete sowohl eine Beschreibung des im Nuclear Engineering Research Laboratory der Universität von Tokyo erreichten neuesten Standes interessanter apparativ-methodischer Entwicklungen auf dem Gebiet der Pikosekundenpulsradiolyse als auch Informationen über damit erzielte Untersuchungsergebnisse zu Primärprozessen ionischer und angeregter Spezies in flüssigen organischen Lösungen, die ein aktuelles Gebiet der strahlenchemischen Grundlagenforschung darstellen.

Da es in diesem Rahmen unmöglich erscheint, die Vielzahl der Beiträge im Detail zu würdigen, sollen nur Hauptvorträge im einzelnen aufgeführt und Kurzbeiträge in zusammenfassender Form berücksichtigt werden.

1. *Grundlagenuntersuchungen*

1.1. In Feststoffen. J. Kroh (VRP) berichtete über kinetische Aspekte strahleninduzierter Radikal- und Elektronenreaktionen in amorphen Feststoffen wie Polymeren und niedermolekularen Tieftemperaturmatrizen, die als Modellsubstanzen für Polymere geeignet sind. Durch die Einführung zeitabhängiger Geschwindigkeitskonstanten wurde eine gute Anpassung der experimentellen Werte erreicht. Die Anwendung dieses Formalismus verspricht weitere Fortschritte bei der Beschreibung eines weiten Kreises von Festphasenreaktionen.

Der Einfluß der Viskositäts- und Ladungsfängereigenschaften von organischen Tieftemperaturgläsern auf die strahleninduzierte Erzeugung, Stabilisierung und Abreaktion von elektrischen Ladungsträgern wurde in einem Beitrag von *J. Bös* (ZfI) herausgearbeitet.

Weitere interessante Beiträge zur Untersuchung von Festphasenreaktionen, speziell bei tiefen Temperaturen unter Nutzung optischer und ESR-spektroskopischer Nachweismethoden wurden durch Wissenschaftler des Instituts für angewandte Strahlenchemie Lodz, des Instituts für Kernforschung Warschau, des Instituts für Tieftemperatur- und Strukturforschung Wrozlaw, des Forschungslaboratoriums Studsvik und des ZfI vorgetragen.

Mit den Aspekten der Ladungsträgerakkumulation und Verteilung in elektronenbestrahlten Polymeren sowie deren experimenteller Untersuchung mittels laserakustischer Sondierung beschäftigte sich ein weiterer Vortrag aus dem ZfI.

1.2. In Flüssigkeiten. Mit strahleninitiierten Vorgängen in Flüssigkeiten, die vorzugsweise mittels Pulsradiolyse untersucht wurden, befaßte sich ebenfalls eine Vielzahl von Vorträgen.

Herausragend waren neben den bereits zitierten Arbeiten von *Y. Tabata* (Japan) die Ausführungen von *C. D. Jonah* (USA) über ionische Primärprozesse und angeregte Zustände in organischen Lösungen, die ebenfalls mittels exzellenter Pikosekunden-Technik im Argonne National Laboratory untersucht worden waren.

Über artverwandte Untersuchungen wurde von *L. Luthjens* (Niederlande), Wissenschaftlern des KfKI Budapest, des Instituts für Nuklearchemie und -technologie Warschau, des Karpov-Instituts Moskau, des ZfI u. a. Einrichtungen berichtet.

Eine interessante Kombination verschiedener Nachweismethoden zur Aufklärung strahleninduzierter biochemischer Reaktionen in wäßrigen Lösungen wurde von *D. Schulte-Frohlinde* (BRD) vorgestellt.

1.3. In Gasen. Die vielfältigen Phänomene der Einwirkung ionisierender Strahlung auf Gasgemische und ihre stoffwandelnden und analytischen Konsequenzen wurden in einer Übersicht von *J. W. Leonhardt* (ZfI) anschaulich dargelegt. Spezielle theoretische, experimentelle und anwendungsrelevante Gesichtspunkte wurden in einer Reihe von Kurzvorträgen, insbesondere von Wissenschaftlern des ZfI behandelt. Das betraf vor allem potentielle Einsatzmöglichkeiten der ionisierenden Strahlung für den Umweltschutz (SO_2-Entfernung aus Rauchgasen von Kraftwerken, Nachweis von Schadstoffen durch Ionisationsgasdetektoren) und die Energetik (Wasserstoffproduktion).

Weitere Vorträge aus der UdSSR und der VRP beschäftigten sich mit der NO_x-Entfernung aus Abgasen bzw. mit der Energieübertragung in Gasen.

2. *Angewandte Strahlenforschung*

2.1. Strahlenchemie. Als Hauptanwendungsgebiet der ionisierenden Strahlung in der Chemie erwies sich mit Abstand die strahlenchemische Polymermodifizierung mit nachstehenden Hauptrichtungen:

- Die Nutzung niederenergetischer Elektronen für die Härtung dünner Schichten (Curingprozesse) ist gegenwärtig als eines der aussichtsreichsten Gebiete im Weltmaßstab einzuschätzen, wie im Vortrag von *T. Czvikovszky* (UVR) betont wurde. Dazu haben die Verfügbarkeit von Elektronenprozessoren und die Herstellung von elektronenstrahlhärtenden Beschichtungsmaterialien (Lacke, Druckfarben, Klebstoffe) beigetragen. Letzterer Problematik war auch der Beitrag von *J. Dobó* (UVR) gewidmet. Die von ihm behandelten Vinylverbindungen sind auch als Additive für die Beschleunigung der Vernetzung von PVC u. a. Polymeren gut geeignet.
- Mit dem umfangreichen Gebiet der Polymervernetzung beschäftigten sich verschiedene Beiträge, z. B. mit dem Problem der PE-Schrumpffolien (Institut für Nuklearchemie und -technologie Warschau), der Vernetzung von PE-Kabelisoliermassen (ZfI). Mit strah-

leninduzierten Abbauprozessen in Polymeren (PVC) befaßten sich Beiträge aus dem ZfI.

- Der strahlenchemischen Pfropfung waren Untersuchungen von Wissenschaftlern des Instituts für angewandte Strahlenchemie Lodz und des Karpow-Institutes für physikalische Chemie Moskau gewidmet.
- Ein Beitrag aus dem ZfI lieferte Erkenntnisse zur strahleninduzierten Matrixpolymerisation.
- Weitere interessante Beiträge zur Herstellung von Holz-Polymer-Kombinationen wurden durch Wissenschaftler des Instituts für die Erforschung, Produktion und Anwendung von Radioisotopen Prag vorgelegt.

Als weitere Anwendungsgebiete der Strahlenchemie zeigten sich die Konservierung von Kunstgegenständen aus Holz, die Färbung von Dekorgläsern, die Entfernung chemischer Schadstoffe aus Industrieabwässern, die Aufklärung von strahleninduzierten Korrosionsvorgängen in Druckwasserreaktoren von Kernkraftwerken ebenso wie die Untersuchung der Strahlenstabilität nichtmetallischer Materialien, die in Kernkraftwerken eingesetzt werden.

2.2. Strahlenbiologie. Auf dem Gebiet der angewandten Strahlenbiologie wurde von *V. Stenger* (UVR) ein umfassender Beitrag zur Technologie der Lebensmittelbestrahlung gegeben, wobei die neuesten Entwicklungen auf diesem Gebiet aufgezeigt und Effektivitätskriterien abgeleitet wurden.

Über eine Konzeption einer multivalenten Großbestrahlungsanlage in der DDR berichtete *G. Hübner* (ZfI). Daran schloß sich ein interessanter Vortrag über das Lebensmittelbestrahlungsprogramm der DDR von *R. Döllstädt* (ZfI) an, das in der Diskussion als beispielhaft für die Einführung derartiger Verfahren in die Volkswirtschaft beurteilt wurde. In den folgenden Kurzvorträgen wurde die Strahlenbehandlung von Lebens- und Futtermitteln (z. B. Gewürze, Zwiebeln, Champignons) zur Senkung von Lagerverlusten und Energieeinsparung beschrieben.

Ein Übersichtsvortrag von *W. Nordheim* (Institut für angewandte Virologie Berlin) war der Strahlenbehandlung von Arzneimitteln und Impfstoffen sowie Enzymen gewidmet. Sensorische und toxikologische Aspekte der Lebensmittelbestrahlung und die Erarbeitung strahlenbiologischer Grundlagen der Lebensmittelbestrahlung waren Gegenstand verschiedener Beiträge aus dem Institut für chemische Physik Moskau und dem ZfI.

Ein weiterer Komplex war die Strahlenhygienisierung von Abwässern (mit Gamma- und Elektronenstrahlung) unter Herausarbeitung der praktischen Bedeutung (Institut für physikalische Chemie Kiew und ZfI).

2.3. Bestrahlungstechnik. Beachtung fanden die Arbeiten über die erforderliche Bestrahlungstechnik wie Radionuklidbestrahlungsanlagen und Elektronenbeschleuniger, Strahlenfeldberechnungen und dosimetrische Messungen sowie zur Optimierung von Bestrahlungsanlagen (Institut für Isotope Budapest, Institut für Erforschung, Produktion und Anwendung von Radioisotopen Prag, Institut für Kernphysik Nowosibirsk, ZfI Leipzig).

3. *Resumeé*

Der gesamte Verlauf des Meetings zeichnete sich durch eine kritische wissenschaftliche Atmosphäre aus, die vor allem durch angesehene Wissenschaftler, wie Prof. *Charlesby* (GB), Prof. *Tabata* (Japan), Prof. *Kroh* (VR Polen), Prof. *Schulte-Frohlinde* (BRD), Prof. *Wetzel* und Prof. *Leonhardt* (beide ZfI) u. a., geprägt war. Eine große Anzahl ausländischer Wissenschaftler sprach sich sehr anerkennend über Niveau und Ablauf der Tagung aus, die bei kontinuierlicher Weiterführung gute Chancen besitzt, in die Reihe der international renomierten wissenschaftlichen Veranstaltungen auf dem Gebiet der Strahlenforschung aufzurücken.

Die Tagung bot neben dem alle Teilnehmer bereichernden wissenschaftlichen Erfahrungsaustausch ausgezeichnete Möglichkeiten zur internationalen Kontaktnahme bzw. zur Vertiefung bestehender Verbindungen. Wichtige Gedanken für die weitere Zusammenarbeit konnten zwischen Vertretern verschiedener Forschungseinrichtungen konzipiert werden.

Eine Vielzahl der vorgestellten Ergebnisse war von hoher Aktualität und wissenschaftlichem Neuwert. Auch von zukünftigen Tagungen dieser Reihe sind wesentliche Impulse für weitere Arbeiten auf dem Gebiet der Grundlagen- und angewandten Forschung von Strahlenchemie, -biologie und -physik zu erwarten.

Für detailiertere Informationen werden die vorliegenden Tagungsbände „Proceedings of the Third Working Meeting on Radiation Interaction" als ZfI-Mitteilungen Bd. 97 und 98 empfohlen.

J. Bös/J. Schmidt

Eingegangen am 9. 1. 1985

Isotopenpraxis 21 (1985) 7, S. 259 bis 260

Buchbesprechungen

Elektronikpraktikum

Autorenkollektiv unter Leitung von H. Pfeifer. Leipzig: BSB B. G. Teubner 1984, 371 S., 247 Abb., 33 Tab., 74 Lit.; Halbleinen M 34,— (Ausland M 44,—)

Das Buch ist grob wie folgt gegliedert: Teil 1 beschreibt Bauelemente und Meßgeräte, also die materiellen Grundvoraussetzungen des Praktikums; Teil 2 betrifft Messungen an vorhandenen Grundschaltungen und schließlich Teil 3 Versuche mit einem Selbstaufbau von Schaltungen. Die Tabellen-Anlage über handelsübliche Bauelemente darf man dem Sinne nach Teil 1 zurechnen.

Der für den Anfänger nützliche erste Teil beginnt mit Symbolen und Schaltzeichen, typischen Daten von Bauelementen und Meßgeräten sowie Grundkenntnissen der Schaltungstechnik, z.B. zur Leitungsführung. Teil 2 wäre für ein eigenständiges Anfängerpraktikum brauchbar und betrifft zunächst Schaltungen mit passiven Elementen, sodann Verstärker und Schaltkreise, einen kurzen Abschnitt über (elektrische) Leitungen und endet mit Ausführungen über Optoelektronik. Die Aufbauversuche im letzten Teil behandeln wiederum Verstärker, Signalgeneratoren, Umsetzer, Meß- und Regelschaltungen, digitale Schaltungen zur Informationsverarbeitung und Versorgungseinheiten.

Das Buch ist „linear" angelegt, d. h. ohne wesentliche Vernetzungen durch Vor- und Rückverweise. Dies erleichtert seinen Gebrauch im angestrebten Sinne des Praktikums sicher sehr. Mathematische Ableitungen wurden weggelassen. Alle Teile sind im Prinzip aus sich heraus verständlich, wenngleich der Schwierigkeitsgrad zum Ende des Buches hin stark zunimmt.

Infolge seiner Verständlichkeit und relativ starken Unabhängigkeit von sonstiger elektronischer Literatur vermag es in gewissem Ausmaß nicht nur Praktikumsbuch, sondern auch kurzgefaßtes Lehrbuch zu sein, was nach Meinung des Rezensenten bereits für sich ein sehr positives Werturteil zuläßt.

Der Stoff ist nach modernen Gesichtspunkten ausgewählt und entspricht bei aller Beachtung des „zeitlosen Grundwissens" dem Trend von der diskreten zur integrierten Technik, von Analog- zu Digitalmethoden, wenngleich die Proportionen in letzterer Beziehung vielleicht noch nicht ganz stimmen und den Wunsch nach noch verstärkter Ausprägung der Wissensvermittlung über digitale Signalgewinnung, -verarbeitung und hoffentlich auch etwas -speicherung nahelegen. Was die Signalübertragung anlangt, könnte rein didaktisch der Gedanke an Informationsübermittlung noch ein wenig konsequenter über denjenigen an Energieweiterleitung gestellt werden (S. 189); unter diesem Gesichtspunkt wäre es zweckmäßig, elektrische und optische Leiter enger beieinanderliegend abzuhandeln. Insgesamt sollten wohl auch Zeitkriterien (Signalformen, Signalkoinzidenzen usw.) etwas vordergründiger zum Ausdruck kommen.

Bei aller Halbleitertechnik: Für einen Praktikanten wäre eine Information über Möglichkeiten der Erzeugung höherer Spannungen sicherlich wertvoll, wenngleich es gerade hier im Praktikum natürlich enge (Sicherheits-)Grenzen gibt.

Das Buch ist für Elektronik-Nutzer aller Kategorien gedacht und zweifellos auch geeignet. Es ist ihm eine weite Verbreitung unter Technikern und Naturwissenschaftlern nahezu aller Disziplinen zu wünschen.

Vielleicht kann man sich für absehbare weite Auflagen dazu entschließen, ein Papier zu verwenden, das dem manchmal etwas rauhen Praktikumsbetrieb besser angepaßt ist.

G. Brunner

Stochastic Phenomena and Chaotic Behaviour in Complex Systems
Proceedings of the Fourth Meeting of the UNESCO Working Group on Systems Analysis Flattnitz, Kärnten, Austria, June 6–10, 1983

Ed.: P. Schuster. Berlin / Heidelberg / New York / Tokyo: Springer-Verlag 1984. 271 S., zahlr. Abb., Tab., Lit. (Springer Series in Synergetics Bd. 21); geb. DM 85,–; US $ 31.70

Der vorliegende Band 21, der Springer Serie Synergetics "Stochastic Phenomena and Chaotic Behaviour in Complex Systems" besteht aus 21 Beiträgen von 32 Autoren.

Nach einigen einführenden Bemerkungen des Herausgebers zur Thematik folgen 5 Teile, in die der Band gegliedert ist. Der erste Teil (General Concepts) enthält auf 30 Seiten 3 Beiträge, die sich mit allgemeinen Fragen wie Grundlagen einer dynamischen Informationstheorie (*H. Haken*) Optimierungs- und Adaptationsaspekten (*Y. M. Ermoliev*) und Untersuchungen sowie Anwendungen von *Markov*-Prozessen (*P. Whittle*) befassen.

In den folgenden beiden Teilen werden Probleme chaotischer dynamischer Systeme dargestellt. Teil II (Chaotic Dynamics Theory) enthält auf 55 Seiten 4 Beiträge zur Theorie (*O. E. Rössler, J. L. Hudson, J. D. Farmer, H.-O. Peitgen, D. Mayer, P. Coulett*), während im Teil III (Chaotic Dynamics-Real Systems und Experimental Verification) ebenfalls auf 55 Seiten 5 Beiträge (*P. H. Richter, H.-J. Scholz, J. L. Hudson, J. C. Mankin, O. E. Rössler, R. M. Noyes, L. F. Olsen*) zur Theorie und Anwendung auf verschiedene reale Systeme (Doppelpendel, chemischer Reaktor, Enzymreaktionen) dargestellt sind.

Teil IV (Stability and Instability in Dynamical Networks) enthält auf 42 Seiten 3 Beiträge (*P. E. Phillipson, J. Hofbauer, P. Schuster, K. Sigmund*) zu Fragen der Stabilität bzw. Instabilität, wobei auch nichtlineare Probleme eine Rolle spielen. Es werden u. a. Anwendungen bezüglich Autokatalyse und Populationstheorie vorgestellt.

Der abschließende Teil V (Stochasticity in Complex Systems) gibt auf 64 Seiten (*P. Schuster, K. Sigmund, A. M. Rodriguez-Vargas, M. Rejmánek, P. M. Allen, M. Sanglier, G. Engelen, K. F. Albrecht, V. Chetverikov, W. Ebeling, R. Funke, W. Mende, M. Peschel*) schließlich eine Reihe weiterer Anwendungen in komplizierten Systemen.

Insgesamt bietet auch dieser Band aus der Feder kompetenter Autoren eine sehr gute Übersicht über aktuelle Probleme des Fachgebiets wie sie sich auf einer interdisziplinären Beratung von Mathematikern, Physikern, Chemikern, Biologen, Psychologen und Ökonomen darbietet.

R. Haberlandt

Environmental Radioactivity
Proc. of the Nineteenth Annual Meeting of the NCRP, Washington, April 1983

Proccedings No. 5. 284 S., 40 Abb., 91 Tab., 328 Lit.: kart.

Das Buch enthält 21 Vorträge, die auf der 19. Jahrestagung des „National Council on Radiation Protection and Measurements" (NCRP) der USA gehalten wurden. Sie zeigen die Vielfalt der Forschungen und den derzeitigen Erkenntnisstand über natürliche und künstliche Radionuklide in der Umwelt sowie die damit verbundenen Risiken für den Menschen. Unter den behandelten Problemen nehmen die natürliche Umgebungsradioaktivität, die Strahlenbelastung durch Radon und seine Folgeprodukte in Gebäuden, die Freisetzung künstlich radioaktiver Nuklide (Kernbrennstoffzyklus, Reaktorstörfälle, Kernwaffentests) und deren Verteilung in den Umweltmedien sowie Fragen der Strahlenschutzgrenzwerte in Verbindung mit der Endlagerung radioaktiver Abfälle breiten Raum ein.

Havarien in Kernkraftwerken und Reaktoranlagen (Three Mile Island, Windscale) werden erneut vom Standpunkt der zivilisatorischen Strahlenbelastung analysiert. Eine umfassende Studie ist der Radionuklidkonzentration in Wasser und zahlreichen Lebensmitteln sowie der jährlichen Strahlenexposition auf dem seit 1971 wieder besiedelten Bikini-Atoll gewidmet. Des weiteren verdient ein Bericht über Plutonium und andere Transuraniumelemente in der Umwelt und deren biologisches Verhalten hervorgehoben zu werden.

Kurze Ausführungen über vorgesehene Veränderungen in der Strahlenschutzgesetzgebung beschließen den Band.

Der instruktive Tagungsbericht wendet sich in erster Linie an die auf dem Gebiet des Strahlenschutzes tätigen Wissenschaftler und vermittelt wertvolle Informationen.

W. Stolz

Systems Analysis – Modelling – Simulation

Journal of Mathematical Modelling and Simulation in Systems Analysis

Edited at the Central Institute of Cybernetics and Information Processes of the Academy of Sciences of the G.D.R. in cooperation with the Mathematical Society of the G.D.R. by Achim Sydow (Berlin) with the assistance of an international team of scientists

Published yearly, 1 volume (4 numbers).
Volume 2, 1985
16,7 cm by 24,0 cm. Annual list of contents.
Annual subscription M 120.—; single number M 30.—.
Order number: 1097 ISSN 0232-9298

The journal is devoted to art and techniques and applications of modelling and simulation in systems analysis. Systems analysis is an interdisciplinary activity. Articles will be published on systems analysis and systems theory, modelling and mathematical models and tools for decision and control, computer simulation systems, modelling and simulation in environmental protection, macroeconomics, agricultural production, regional planning, biosciences, traffic control, large engineering systems, resources distribution, management systems etc. In addition to original papers, survey articles and reports on conferences etc. are published. Finally, books covering the above mentioned and related subjects are reviewed.
Of interest to: Scientists of systems sciences, informatics, control engineering, applied mathematics, operation research, biology, economy, physics, environmental protection, agriculture etc.

Orders can be sent

- in the FRG and Berlin (West): to the wholesale distributing agency Kunst und Wissen, Erich Bieber OHG, Wilhelmstr. 4—6, D-7000 Stuttgart 1;
- in the other Western European countries: to Kunst und Wissen, Erich Bieber GmbH, Dufourstr. 51, CH-8008 Zürich;
- in other countries: to the Akademie-Verlag, DDR-1086 Berlin, Leipziger Str. 3—4, PF-Nr. 1233.

AKADEMIE-VERLAG · BERLIN
1086 Berlin, Leipziger Straße 3—4

ISOTOPENPRAXIS

Band 21 1985 Heft 7

Contents / Inhalt

►Language of Publikation ►Publikationssprache

Isotopenpraxis is indexed in Current Contents/PC & ES, Science Citation Index, and INIS Atomindex

FSC
www.fsc.org
MIX
Papier | Fördert gute Waldnutzung
FSC® C083411

Kolibri 360 GmbH
Ferdinand-Jühlke-Straße 7
99095 Erfurt, Deutschland
produktsicherheit@kolibri360.de